高等学校计算机类课程应用型人才培养规划教材

单片微型计算机及接口技术 实 验 指 导

谢永宁　编著

U0314115

中国铁道出版社
CHINA RAILWAY PUBLISHING HOUSE

内 容 简 介

本书是与《单片微型计算机及接口技术》（谢永宁编著，中国铁道出版社，2012 年）配套的实验教材，根据"单片微型计算机及接口技术"课程的教学要求，以培养应用型人才的实际动手能力为基本目标，详细介绍了 Keil μVision4 集成开发环境的使用方法，列出了 26 个实验项目和 12 个课程设计项目，将该课程的教学知识点融合到实训中。通过实验和课程设计，可以帮助读者系统地掌握单片机应用系统的开发技能。

本书适合作为计算机、电子、电气、通信等与控制相关的专业作为"单片微型计算机及接口技术"课程的实验教材，也可作为 IT 行业嵌入式工程师的有关单片机开发的参考手册。

图书在版编目（CIP）数据

单片微型计算机及接口技术实验指导 / 谢永宁编著
— 北京：中国铁道出版社，2013.1
高等学校计算机类课程应用型人才培养规划教材
ISBN 978-7-113-15458-5

Ⅰ．①单…　Ⅱ．①谢…　Ⅲ．①单片微型计算机－高等学校－教学参考资料　Ⅳ．①TP368.1

中国版本图书馆 CIP 数据核字（2012）第 234333 号

书　　　名：	单片微型计算机及接口技术实验指导
作　　　者：	谢永宁　编著

策　　划：	严晓舟　焦金生	读者热线：	400-668-0820
责任编辑：	周海燕		
编辑助理：	绳　超		
封面设计：	付　巍		
封面制作：	白　雪		
责任印制：	李　佳		

出版发行：	中国铁道出版社（100054，北京市西城区右安门西街 8 号）
网　　址：	http://www.51eds.com
印　　刷：	大厂聚鑫印刷有限责任公司
版　　次：	2013 年 1 月第 1 版　　　2013 年 1 月第 1 次印刷
开　　本：	787mm×1092mm　1/16　印张：12.25　字数：280 千
印　　数：	1～3 000 册
书　　号：	ISBN 978-7-113-15458-5
定　　价：	24.00 元

编 审 委 员 会

丛书序

当前，世界格局深刻变化，科技进步日新月异，人才竞争日趋激烈。我国经济建设、政治建设、文化建设、社会建设以及生态文明建设全面推进，工业化、信息化、城镇化和国际化深入发展，人口、资源、环境压力日益加大，调整经济结构、转变发展方式的要求更加迫切。国际金融危机进一步凸显了提高国民素质、培养创新人才的重要性和紧迫性。我国未来发展关键靠人才，根本在教育。

高等教育承担着培养高级专门人才、发展科学技术与文化、促进现代化建设的重大任务。近年来，我国的高等教育获得了前所未有的发展，大学数量从 1950 年的 220 余所已上升到 2008 年的 2 200 余所。但目前诸如学生适应社会以及就业和创业能力不强，创新型、实用型、复合型人才紧缺等高等教育与社会经济发展不相适应的问题越来越凸显。2010 年 7 月发布的《国家中长期教育改革和发展规划纲要（2010—2020 年）》提出了高等教育要"建立动态调整机制，不断优化高等教育结构，重点扩大应用型、复合型、技能型人才培养规模"的要求。因此，新一轮高等教育类型结构调整成为必然，许多高校特别是地方本科院校面临转型和准确定位的问题。这些高校立足于自身发展和社会需要，选择了应用型发展道路。应用型本科教育虽早已存在，但近几年才开始大力发展，并根据社会对人才的需求，扩充了新的教育理念，现已成为我国高等教育的一支重要力量。发展应用型本科教育，也已成为中国高等教育改革与发展的重要方向。

应用型本科教育既不同于传统的研究型本科教育，又区别于高职高专教育。研究型本科培养的人才将承担国家基础型、原创型和前瞻型的科学研究，它应培养理论型、学术型和创新型的研究人才。高职高专教育培养的是面向具体行业岗位的高素质、技能型人才，通俗地说，就是高级技术"蓝领"。而应用型本科培养的是面向生产第一线的本科层次的应用型人才。由于长期受"精英"教育理念的支配，脱离实际、盲目攀比，高等教育普遍存在重视理论型和学术型人才培养的偏向，忽视或轻视应用型、实践型人才的培养。在教学内容和教学方法上过多地强调理论教育、学术教育而忽视实践能力的培养，造成我国"学术型"人才相对过剩，而"应用型"人才严重不足的被动局面。

应用型本科教育不是低层次的高等教育，而是高等教育大众化阶段的一种新型教育层次。计算机应用型本科的培养目标是：面向现代社会，培养掌握计算机学科领域的软硬件专业知识和专业技术，在生产、建设、管理、生活服务等第一线岗位，直接从事计算机应用系统的分析、设计、开发和维护等实际工作，维持生产、生活正常运转的应用型本科人才。计算机应用型本科人才有较强的技术思维能力和技术应用能力，是现代计算机软硬件技术的应用者、实施者、实现者和组织者。应用型本科教育强调理论知识和实践知识并重，相应地，其教材更强调"用、新、精、适"。所谓"用"，是指教材的"可用性"、"实用性"和"易用性"，即教材内容要反映本学科基本原理、思想、技术和方法在相关现实领域的典型应用，介绍应用的具体环境、条件、方法和效果，培养学生根据现实问题选择合适的科学思想、理论、技术和方法去分析、解决实际问题的能力。所谓"新"，是指教材内容应及时反映本学科的最新发展和最新技术成就，以及这些新知识和新成就在行业、生产、管理、服务等方面的最新应用，从而有效地保证学生"学以致用"。所谓"精"，不是一般意义的"少而精"。事实常常告诉我们"少"与"精"是有矛盾的，数量的减少并不能直接促使质量的提高，而且"精"又是对"宽与厚"的直接"背叛"。因此，教材要做到"精"，教材的编写者要在"用"和"新"的基础上对教材的内容进行去粗取精的精练工作，精选学生终身受益的基础知识和基本技能，力求把含金量最高的知识传承给学生。"精"是最难掌握的原则，是对编写者能力和智慧的考验。所谓"适"，是指各部分内容的知识深度、难度和知识量要适合应用型本科的教育层次，适合培养目标的既定方向，适合应用型本科学生的理解程度和接受能力。教材文字叙述应贯彻启发式、深入浅出、理论联系实际、适合教学实践的思想，使学生能够形成对专业知识的整体认识。以上 4 个方面不是孤立的，而是相互依存的，并具有某种优先顺序。"用"是教材建设的唯一目的和出发点，是"新""精""适"的最后归宿。"精"是"用"和"新"的进一步升华。"适"是教材与计算机应用型本科培养目标符合度的检验，是教材与计算机应用型本科人才培养规格适应度的检验。

中国铁道出版社同高等学校计算机类课程应用型人才培养规划教材编审委员会经过近两年的前期调研，专门为应用型本科计算机专业学生策划出版了理论深入、内容充实、材料新颖、范围较广、叙述简洁、条理清晰的系列教材。本系列教材在以往教材的基础上大胆创新，在内容编排上努力将理论与实践相结合，尽可能反映计算机专业的最新发展；在内容表达上力求由浅入深、通俗易懂；编写的内容主要包括计算机专业基础课和计算机专业课；在内容和形式体例上力求科学、合理、严密和完整，具有较强的系统性和实用性。

本系列教材是针对应用型本科层次的计算机专业编写的，编者在教学层次上采纳了众多教学理论和实践的经验及总结，不但适合计算机等专业本科生使用，也可供从事 IT 行业或有关科学研究工作的人员参考，适合对该新领域感兴趣的读者阅读。

本系列教材出版过程中得到了计算机领域很多院士和专家的支持和指导，中国铁道出版社多位编辑为本系列教材的出版做出了很大贡献，在此表示感谢。本系列教材的完成不但依靠了全体编者的共同努力，同时也参考了许多中外有关研究者的文献和著作，在此一并致谢。

应用型本科是一个日新月异的领域，许多问题尚在发展和探讨之中，观点的不同、体系的差异在所难免，本系列教材如有不当之处，恳请专家及读者批评指正。

"高等学校计算机类课程应用型人才培养规划教材"编审委员会

2011 年 1 月

前言

　　"微型计算机及接口技术"是一门应用性较强的计算机专业课程，是设计与开发各种计算机应用系统的基础。从硬件的角度看，微型计算机、单片机、嵌入式系统的开发与应用，很大程度上就是接口电路的开发与应用。掌握常用接口的工作原理和编程控制技术，对学生自主组织计算机应用系统解决实际问题具有重要的意义。

　　传统的"微型计算机及接口技术"课程都是基于 8086 CPU 来讲述，而 8086 CPU 早已淘汰，因此必须进行课程改革。改革的方向一般有 2 个：一是基于目前广泛使用的 32 位 PC，改为"32 位微机接口技术"；二是基于目前广泛使用的 8 位单片机，改为"单片微型计算机及接口技术"。

　　本书是与《单片微型计算机及接口技术》配套的实验教材，以培养应用型人才的实际动手能力为基本目标，详细介绍了 Keil μVision4 集成开发环境的使用方法，列出了 27 个实验项目和 12 个课程设计项目，将该课程的知识点融合到实训中。通过实验和课程设计，可以帮助读者系统地掌握单片机应用系统的开发技能。

本书的编写原则

　　以工程应用为主，强调实际的工程应用能力。选材上力求实用、新颖；叙述上力求简洁、易懂，为读者提供完整的单片机系统实验的思路和方法，使之掌握应用系统开发设计的综合能力。

　　在实际应用中，常常采用 Protel、ORCAD、PowperPCB 等设计软件绘制电路图，其图形符号往往不符合我国的国家标准，为了帮助读者了解国家标准的画法、国外流行的画法和传统的习惯画法，在附录 D 列出了一些常用的图形符号的对照表。本书实验电路图中的图形符号采用了传统的习惯画法。部分电路图取自主教材，这些电路图中图形符号采用国家标准画法。

本书的适用对象

　　本书适合作为计算机、电子、电气、通信等与控制相关的专业作为"单片微型计算机及接口技术"课程的实验教材，也适用于 IT 行业嵌入式工程师作为单片机开发的参考手册。

本书的结构

　　本书共分 6 章，各章的内容如下：

　　第 1 章　重点介绍了 Keil μVision4 集成开发环境的使用。通过本章的学习，读者可以基本掌握 Keil μVision4 集成开发环境的使用方法，在 Keil μVision4 集成开发环境下进行软件的开发。

　　第 2 章　列出了 6 个程序开发的基础实验，包括：51 汇编指令程序、C51 语言程序以及汇编和 C 语言相互调用的程序等实验。本章的全部实验可以不使用实验仪，而只在 Keil μVision4 集成开发环境下选择不需要硬件支持的 Simulator 来进行仿真调试。

　　第 3 章　列出了 10 个基础接口实验，包括：I/O 接口、键盘显示接口、A/D、D/A 转换接口和 UART 接口等实验。本章的实验需要使用硬件仿真器，需要在 Keil μVision4 集成开发环境下选择相应的仿真器来进行仿真调试。

　　第 4 章　列出了 10 个应用接口实验，包括：组合逻辑控制、工业顺序控制、IIC 存储卡的应用、LED 点阵显示接口、LCD 液晶显示接口、直流电动机调速、步进电动机控制和 ID 卡读卡器接口等实验。本章的实验需要使用硬件仿真器，需要在 Keil μVision4 集成开发环境下选择相应的仿真器来进行仿真调试。

第 5 章 以"工业顺序控制器"为例，通过实例介绍应用系统开发的全过程。帮助读者进一步理解单片机应用系统的开发过程与设计原则，使之对单片机应用系统的开发有较为清楚的整体认识。

第 6 章 列出了 12 个应用系统的实验，供课程设计时选用，目的在于培养学生的系统设计能力。

本课程的教学建议

"单片微型计算机及接口技术"是一门应用性较强的计算机专业课程，在教学安排上必须强调实际应用能力的培养，建议实验学时不少于 20 学时，每个实验 2 学时。

认真做好实验是掌握应用、提高动手能力的一个重要环节。一个完整的的实验过程，包括实验前的准备、实验操作过程和实验后的总结三部分。请学生认真阅读附录 E。

致谢

本书在编写过程中得到了相关教师的热心帮助，特别是岳丽华教授提出了很多宝贵的意见，编者在此表示衷心的感谢。本书写作时参考了大量文献资料，在此也向这些文献资料的作者深表谢意。

由于时间仓促，加之编者水平有限，书中难免有疏漏和欠妥之处，敬请各位专家、读者批评指正。

编　者

2012 年 3 月

目 录

第1章 软件开发环境

单片机应用系统的软件开发离不开开发的环境，本章主要介绍 Keil μVision4 集成开发环境的使用，通过学习如何在 Keil μVision4 集成开发环境下编写、编译一个工程，掌握在 Keil μVision4 软件平台下开发用户应用程序的基本方法。

1.1 Keil μVision4 集成开发环境

1.1.1 安装与启动

Keil μVision4 是众多单片机应用开发软件中最优秀的软件之一，支持众多不同公司的 51 内核芯片，集编写、编译、仿真等于一体，其界面和常用的微软 VC++的界面相似，因此易于使用，同时具备非常高的性能。

Keil μVision4 下载得到的是一个压缩文件，解压安装完成后，可选择"开始"→"程序"→"Keil μVision4"命令启动集成开发环境，启动后的界面，如图 1-1 所示。

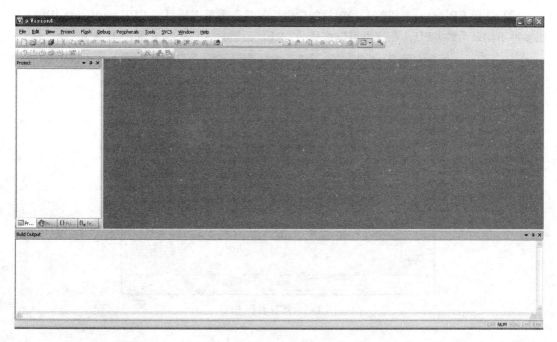

图 1-1　Keil μVision4 启动后的界面

1.1.2 工程项目的管理

在 Keil μVision4 中，设置了一个项目管理器，可以在项目管理下开发应用程序。创建一个应用程序，一般需要下列几个步骤：

(1) 新建一个项目；

(2) 在项目中创建、编写源程序文件；

(3) 为此项目指定编译和调试环境；

(4) 编译项目；

(5) 调试。

1. 创建一个工程项目

(1) 选择 Project→New μVision Project...命令，弹出新建工程对话框如图 1-2 所示，输入工程名称，然后单击"保存"按钮，即可创建一个新的项目。

图 1-2　创建一个新的工程项目

(2) 选择 CPU。一个新的工程项目创建以后，首先需要选择目标 CPU，μVision IDE 支持很多种不同公司的 CPU，在这里可以选择 ATMEL 公司的 AT89S51，如图 1-3 所示。

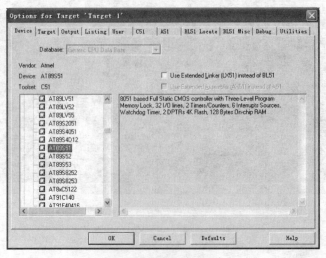

图 1-3　选择目标 CPU

单击 OK 按钮，会出现一个消息框，如图 1-4 所示，确认是否复制 8051 的启动代码，加入到工程中。

图 1-4 消息框

单击"是"按钮，工程项目被建立。在打开的工程项目窗口中，如图 1-5 所示，有 Project 文件管理器，管理着工程项目中的全部文件。为了使工程项目中的文件组织更具有层次性和条理性，可以将工程项目中的文件分组管理。这里已经包含了 8051 的启动代码，放在 Source Group 1 组中。

2. 新建一个源程序

选择 File→New...命令，或单击 按钮，可打开一个空的编辑窗口用以编辑源程序，如图 1-6 所示。

图 1-5 新建的工程项目

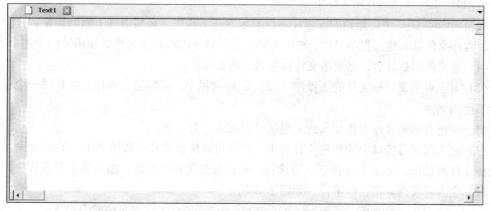

图 1-6 源程序编辑窗口

进入源程序编辑窗口后，可以在该窗口下按照编程语言的语法要求编辑源程序。µVision IDE 的编辑器就是一个文本编辑器，可以用来编写各种程序，只是注意所采用的编程语言应符合文件的格式。

源程序编辑窗口打开后，Edit 菜单有效。此时，可以选择 Edit 菜单中的命令(undo、redo、cut、copy、paste、find、replace 等)来辅助源程序编写。

源程序编写完成后，可单击 按钮或选择 File→save 命令保存正在编写的源程序文件。也可选择 File→save as ...命令将当前正在编写的源程序文件重命名保存。

保存新编写的源程序或将当前正在编写的源程序文件重命名保存时，将弹出另存为对话框，如图 1-7 所示，在这里可选择保存的路径和保存的文件名。

注意，要根据源程序所采用的编程语言来选择文件的扩展名。

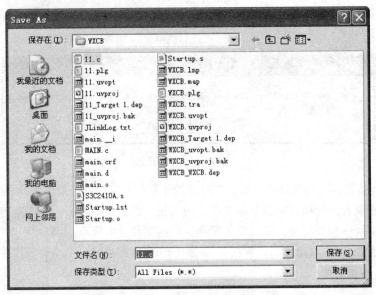

图 1-7　另存为对话框

3. 将一个源程序加入到工程中

在 μVision IDE 中，新建的源程序并没有包含在工程中，必须通过下面的操作，将一个已有的源程序文件加入到工程项目中。被加入到工程项目中的源程序文件必须满足以下两个条件：

（1）该文件的扩展名，必须是文件映射表中所定义的。

（2）对于可生成目标文件的源程序（如：C 语言程序、汇编语言程序），在同一个工程项目中不能同名。

将一个已有的源程序文件加入到工程项目中的方法有 2 种：

（1）在工程项目窗口中的相应位置右击，在弹出的快捷菜单中选择 Add Files...命令，弹出选择文件对话框，如图 1-8 所示，可选择一个已有的源程序文件，加入到工程项目中。

（2）在工程管理对话框中进行，如图 1-9 所示。

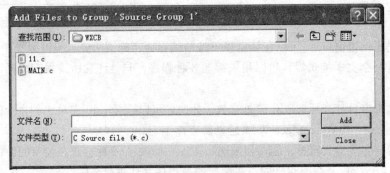

图 1-8　选择文件对话框

4. 打开一个工程项目或打开一个源程序文件

选择 Project→Open Project...命令，可打开一个已有的工程项目；选择 File→Open...命令或单击 📂 按钮可打开一个已有的源程序文件进行编辑。

打开一个已有的工程项目，即打开该工程中所有的文件。

5．工程管理

单击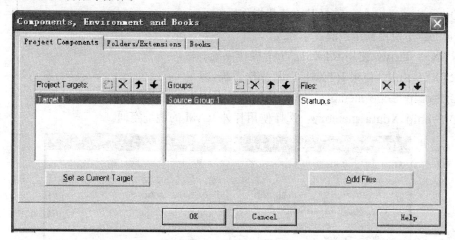按钮，弹出工程管理对话框，如图 1-9 所示，在工程管理对话框中，可以分别对工程目标（Project Targets）、文件组（Groups）和文件（Files）进行增加（创建）、减少（删除）、变更顺序以及变更名称等操作。

图 1-9　工程管理对话框

6．编辑源程序

在工程项目窗口中，双击文件名，即可打开源程序编辑窗口，进行编辑。

1.1.3　工程项目的配置

要使前面创建的工程项目能够正确地被编译，还需要对工程的编译选项进行适当配置。在 μVision IDE 中，单击 按钮可打开工程配置对话框。

μVision IDE 中，工程项目配置的选项有：目标 CPU 的选择设置（Device）、生成目标的基本选项设置（**Target**）、编译输出文件的选项设置（Output）、编译输出列表文件的选项设置（Listing）、用户程序的选项设置（User）、C 语言编译器的选项设置（C51）、汇编语言编译器的选项设置（A51）、调试器的选项设置（Debug）和一些公共选项设置（utilities）。

这里主要需要设置的是以下一些项目：

1．目标 CPU 的选择设置（Device）

在目标 CPU 的选择设置（Device）中，必须选择 CPU 的型号，这在新建工程时已经做了，在这里，还可以进行修改，参见图 1-3。

2．生成目标的基本选项设置（Target）

在生成目标的基本选项设置（Target）中(见图 1-10)，需要设置以下几个选项：

- Xtal (MHz)：指定用户设备的 Xtal 频率。
- Use On-chip ROM：选择是否使用片内 ROM。
- Memory Model：选择存储器模式。

　Small：默认为 51 单片机内部的数据存储器。

　Compact：默认为 51 单片机外部数据存储器。

　Large：默认为 51 单片机外部数据存储器。

- Code Rom Size：设定程序存储器的空间大小。

  Small：2 KB 或更小。

  Compact：64 KB 中的 2 KB。

  Large：64 KB。
- Operating system：选择是否使用操作系统。

  None：不使用操作系统。

  RTX51 Tiny：使用 RTX51 Tiny 操作系统。

  RTX51 Full：使用 RTX51 Full 操作系统。
- Off-chip Code memory：选择使用片外 ROM 的地址空间。
- Off-chip Xdata memory：选择使用片外 RAM 的地址空间。

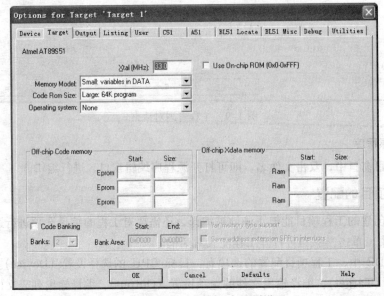

图 1-10　生成目标的基本选项设置

这里主要需要设置系统时钟的频率；选择是否使用片内 ROM；选择使用片外 ROM 和片外 RAM 的地址空间。

3．编译输出文件的选项设置（Output）

在编译输出文件的选项设置（Output）中，需要设置以下几个选项（如图 1-11 所示）：

- Select Folder for Objects...：设置目标文件夹。
- Name of Executable：设置输出文件名。
- Create Executable：选择生成可执行文件。

  Debug Information：选择是否生成调试信息。

  Browse Information：选择是否生成浏览信息。

  Create HEX File：选择是否生成 HEX 格式的目标代码文件。

  HEX Format：生成的目标代码文件格式为 HEX-80。
- Create Library： 选择生成库文件。
- Create Batch File：选择是否生成批处理文件。

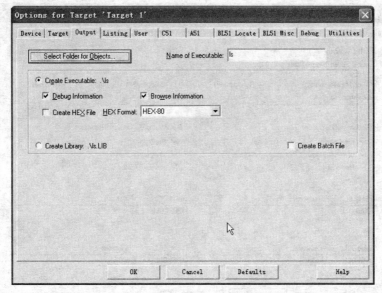

图 1-11　编译输出文件的选项设置

这里主要需要选择编译生成可执行文件还是库文件，若选择编译生成可执行文件，还要设置输出文件名。

1.1.4　编译

选择 Project→Build Target 命令或单击█按钮可对选中的工程目标进行编译，选择 Project→Rebuild all Target files 命令或单击█按钮可对所有的工程目标进行编译。

编译完成后，在 Build output 窗口报告出错和警告情况。当显示 0 Error，0 Warning 时，表明没有语法错误。

1.2　Keil μVision4 仿真调试环境

仿真的目的是调试程序的功能，使程序的功能达到目标的要求。

μVision IDE 支持 2 种仿真调试方式：软件仿真（Simulator）和硬件仿真。需要在调试器的选项设置（Debug）中，设定采用的仿真调试方式。如果基于实验仪进行试验，就要采用硬件仿真，在调试器的选项设置中，需要选择相应的硬件仿真器，并进行相应的设置。

1.2.1　选择仿真环境

在 μVision IDE 中，单击█按钮可打开工程配置对话框。在调试器的选项设置(Debug)中，设定采用的仿真调试方式。

- Use Simulator：选择软件仿真。
- Use：选择硬件仿真。

如果基于实验仪进行试验，就要选择硬件仿真，在调试器的选项设置中，需要根据实验仪厂商提供的说明，选择相应的硬件仿真器，并进行相应的设置，如图 1-12 所示。

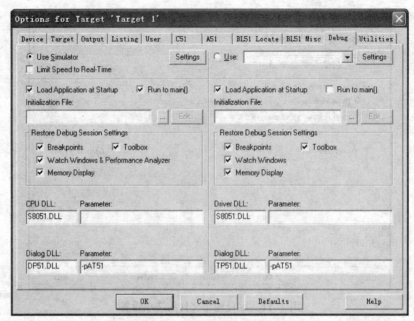

图 1-12 调试器的选项设置

例如：598K 实验仪，一般需要选择硬件仿真器为"Keil Monitor_51 Driver"，单击 settings 按钮，选择端口为 COM1，波特率为 57 600，如图 1-13 所示。

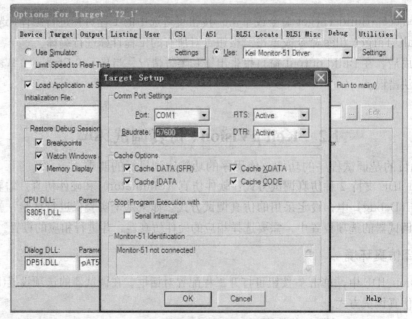

图 1-13 硬件仿真器设置

1.2.2 启动仿真界面

在 μVision IDE 中，选择 Debug→Star/Stop Debug Session 命令或单击 按钮或直接按【Ctrl+F5】组合键可以启动仿真界面，调试器会载入应用程序并执行启动代码，如图 1-14 所示。

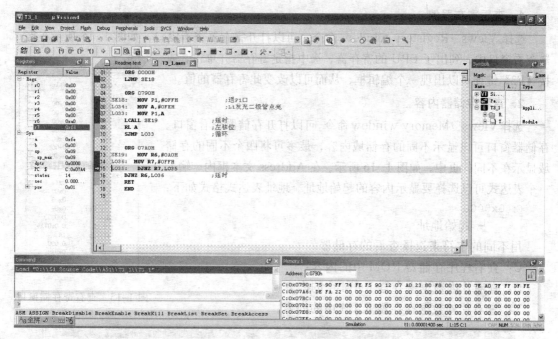

图 1-14　仿真界面

1.2.3　在仿真界面中进行调试操作

进入仿真界面后，可以进行单步运行、全速运行、设断点运行等操作。

1. 单步运行进入一个函数

选择 Debug→Step 命令，或单击 按钮或直接按【F11】键即可单步执行一条汇编语句，窗口中黄色箭头会发生相应的移动。

2. 单步运行跳过一个函数

选择 Debug→Step Over 命令，或单击 按钮或直接按【F10】键即可单步执行跳出当前函数调用，若无函数被调用，则 μVision4 会给出一个错误。

3. 单步运行从当前函数跳出

选择 Debug→Step Out 命令，或单击 按钮或直接按【Ctrl+ F11】组合键即可单步执行从当前函数跳出。

4. 全速运行到下一个活动断点

选择 Debug→Run 命令，或单击 按钮或直接按【F5】键即可全速运行代码到下一个活动断点。

5. 设断点运行

有时候，用户可能希望程序在执行到某处时，查看一些所关心的变量值，此时可以通过断点设置达到此要求。将光标移动到要进行断点设置的代码处，选择 Debug→Insert/Remove Breakpoint 命令或按【F9】键，就会在光标所在位置出现一个实心圆点，表明该处为断点。

1.2.4　在仿真过程中查看修改相关数据

在仿真过程中。可以查看并修改寄存器的内容、存储器的内容和 I/O 口的数值。

1. 查看寄存器值

选择 Views→Registers window 命令，可以打开寄存器查看窗口，如图 1-15 所示在寄存器查看窗口中，列出了 CPU 的寄存器，选中指定寄存器并单击，或按【F2】键便可以出现一个编辑框，从而可以改变此寄存器的值。

2. 查看存储器内容

选择 Views→Memory window 命令，可以打开存储器查看窗口。存储器窗口可以显示不同的存储域内容，最多可将四个不同的存储域显示在不同的页中，如图 1-16 所示。在 Address 文本框内，输入一个表达式可以选择要显示内容的起始地址。地址表达式格式如下：

C: 0x0000

│   └ 起始地址

用不同的字符来选择查看的存储器

C：查看程序存储器 ROM 中的内容；

D：查看片内数据寄存器 RAM 中的内容；

X：查看片外数据寄存器 RAM 中的内容。

图 1-15　查看寄存器窗口

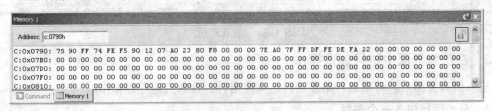

图 1-16　查看存储器窗口

通过存储器窗口的右击，在弹出的快捷菜单中可以选择输出数据的格式。一般情况下，应该选择为 Unsigned _ Char（无符号字符型），此时输出数据为 2 位十六进制代码。

双击存储器窗口中的某个单元值，可打开一个编辑框。输入一个新的数值，即可改变存储内容。选择 View→Periodic Window Update 命令，即可在运行目标程序时更新此窗口中的值。

3. 查看 I/O 口的内容

选择 Peripherals→I/O Ports 命令，可以选择打开 Port 0、Port1、Port2 或 Port3 查看窗口。图 1-17 所示为 Port 0 口的查看窗口。单击，可以修改相应的数据。

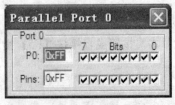

图 1-17　查看 I/O 窗口

第2章 程序开发基础实验

本章主要介绍基于 Keil μVision4 集成开发环境下的基础程序实验，包括：51 汇编指令程序、C51 语言程序以及汇编和 C 语言相互调用的程序等实验。本章的全部实验可以不使用实验仪，而只在 Keil μVision4 集成开发环境下选择不需要硬件支持的 Simulator 来进行仿真调试。通过本章的实验使学生熟悉 Keil μVision4 开发环境、学会 Simulator 仿真器的使用、掌握 51 单片机应用程序的基本结构和设计方法。

2.1 51 汇编指令实验一（顺序程序）

实验目的

（1）熟悉 Keil μVision4 开发环境，学会 Simulator 仿真器的使用。

（2）通过实验掌握 51 汇编指令的使用方法。

（3）掌握 51 汇编的顺序程序设计方法。

实验内容：

应用汇编语言设计一个顺序程序，完成一个特定的功能。

例如：把 2000H 的内容拆开，高位送 2001H 低位，低位送 2002H 低位，2001H、2002H 高位清零。（将压缩的 BCD 码拆分为非压缩的 BCD 码，本程序一般用于把数据送显示缓冲区时用。）

实验基础知识

1. 51 汇编语言程序的基本结构

51 单片机的汇编语言源程序没有分段结构，整个源程序作为一个整体。

51 单片机复位后，程序计数器 PC 的内容为 0000H，因此系统从 0000H 单元开始取指令，并执行指令，它是系统执行程序的起始地址。通常在该单元中存放一条跳转指令，从而避开中断服务程序的入口地址，用户程序从跳转地址开始存放。

2. 顺序程序结构

顺序结构是一种最简单的程序设计结构形式，采用这种结构只能完成简单的任务程序设计。顺序结构程序按顺序执行，无分支、无循环、无转移，又被称为直线程序。

参考程序流程图

参考程序流程图如图 2-1 所示。

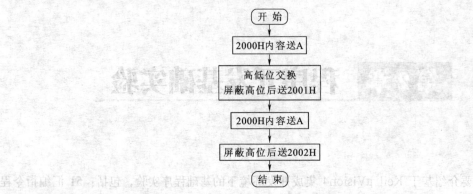

图 2-1 参考程序流程

参考程序

```
        ORG   0000H
        LJMP  MAIN
        ORG   0030H
MAIN:   MOV   DPTR,#2000H
        MOVX  A,@DPTR
        MOV   B,A              ;(2000)→A→B
        SWAP  A                ;交换
        ANL   A,#0FH           ;屏蔽高位
        INC   DPTR
        MOVX  @DPTR,A          ;送2001H
        INC   DPTR
        MOV   A,B
        ANL   A,#0FH           ;(2000)内容屏蔽高位
        MOVX  @DPTR,A          ;送2002H
LOOP:   SJMP  LOOP
        END
```

思考题

（1）在 Keil μVision4 环境下开发一个应用项目，需要哪几个过程？

（2）在 Keil μVision4 环境下调试程序时，如何复位程序？

（3）在 Simulator 调试时，如何查看片外数据存储器 2000H～2002H 单元中的内容。

2.2 51 汇编指令实验二（分支程序）

实验目的

（1）熟悉 Keil μVision4 开发环境，学会 Simulator 仿真器的使用。

（2）通过实验掌握 51 汇编指令的使用方法。

（3）掌握 51 汇编的分支程序设计方法。

实验内容

编写程序，根据 20H 单元的内容实现分支转移。例如：

（20H）=0，将 R1 的内容传送给 R0。

（20H）=1，将片外 RAM　0020H 单元的内容传送给 R0。

（20H）=2，将片外 RAM　0020H 单元的内容传送给片内 RAM 21H 单元。

（20H）=3，将程序存储器 ROM 2000H 单元的内容传送给 R0。

（20H）=4，将程序存储器 ROM 2000H 单元的内容传送给片内 RAM 21H 单元。

（20H）=5，将程序存储器 ROM 2000H 单元的内容传送给片外 RAM 0020H 单元。

实验基础知识

在解决某些实际问题时，处理方法随着某些条件的不同而不同，将这种在不同条件下处理过程的操作编写出的程序称为分支程序。程序中所产生的分支是由条件转移指令来完成的。汇编语言提供了多种条件转移指令，可以根据使用不同的转移指令所产生的结果状态选择要转移的程序段，对问题进行处理。采用分支结构设计的程序，结构清晰、易于阅读及调试。

51 单片机的汇编指令中，专门设置了一条散转指令"JMP @A+DPTR"，用来实现多分支的转移非常方便。

参考程序流程图

参考程序流程图如图 2-2 所示。

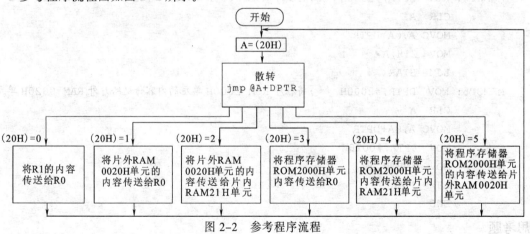

图 2-2　参考程序流程

参考程序

```
        ORG  0000H
        LJMP STAR
        ORG  0030H
STAR:   MOV  A,20H
        MOV  DPTR,#KKKK    ;散转地址表
        RL   A            ;(20)*2
        JMP  @A+DPTR      ;转到(20)*2+DPTR
KKKK:   AJMP MEMSP0
```

```
          AJMP  MEMSP1
          AJMP  MEMSP2
          AJMP  MEMSP3
          AJMP  EMSP4
          AJMP  MEMSP5
MEMSP0:   MOV   A,R1              ;将 R1 的内容传送给 R0
          MOV   R0,A
          LJMP  STAR
MEMSP1:   MOV   DPTR,#0020H       ;将片外 RAM 0020H 单元的内容传送给 R0
          MOVX  A,@DPTR
          MOV   R0,A
          LJMP  STAR
MEMSP2:   MOV   DPTR,#0020H       ;将片外 RAM 0020H 单元的内容传送给片内 RAM 21H 单元
          MOVX  A,@DPTR
          MOV   21H,A
          LJMP  STAR
MEMSP3:   MOV   DPTR,#2000H       ;将程序 ROM 2000H 单元的内容传送给 R0
          CLR   A
          MOVC  A,@A+DPTR
          MOV   R0,A
          LJMP  STAR
MEMSP4:   MOV   DPTR,#2000H       ;将程序 ROM 2000H 单元的内容传送给片内 RAM 21H 单元
          CLR   A
          MOVC  A,@A+DPTR
          MOV   21H,A
          LJMP  STAR
MEMSP5:   MOV   DPTR,#2000H       ;将程序 ROM 2000H 单元的内容传送给片外 RAM 0020H 单元
          CLR   A
          MOVC  A,@A+DPTR
          MOV   DPTR,#0020H
          MOV   @DPTR,A
          LJMP  STAR
          END
```

思考题

在 Simulator 调试时，如何设置片内 RAM 中的内容。

2.3 51 汇编指令实验三（循环程序）

实验目的

（1）熟悉 Keil μVision4 开发环境，学会 Simulator 仿真器的使用。

（2）通过实验掌握 51 汇编指令的使用方法。

（3）掌握 51 汇编的循环程序设计方法。

实验内容

把 R2、R3 所指的 RAM 区源首址内的 R6、R7 字节数的数据传送到 R4、R5 目的地址 RAM 区。

实验基础知识

循环结构程序设计针对的是处理一些重复进行的过程的操作。采用循环结构设计的程序，其长度缩短了，不仅节省了内存，也使得程序的可读性大大提高。

参考程序流程图

参考程序流程图如图 2-3 所示。

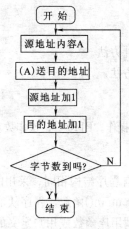

图 2-3　参考程序流程

参考程序

```
          ORG    0000H
          LJMP   MAIN
          ORG    0030H
MAIN:     MOV    DPL,R3
          MOV    DPH,R2          ;建立源程序首址
          MOVX   A,@DPTR         ;取数
          MOV    DPL,R5
          MOV    DPH,R4          ;目的地址首址
          MOVX   @DPTR,A         ;传送
          CJNE   R3,#0FFH,LO42
          INC    R2
LO42:     INC    R3              ;源地址加 1
          CJNE   R5,#0FFH,LO43
          INC    R4
LO43:     INC    R5              ;目的地址加 1
          CJNE   R7,#00H,LO44
          CJNE   R6,#00H,LO45    ;字节数减 1
LOOP:     SJMP   LOOP
          NOP
```

```
LO44:   DEC    R7
        SJMP   MAIN
LO45:   DEC    R7
        DEC    R6
        SJMP   MAIN                      ;未完继续
        END
```

思考题

在 Simulator 调试时，如何设置通用寄存器 R0~R7 和片外数据存储器中的内容。

2.4 C51 程序实验一（分支程序）

实验目的

（1）通过实验掌握 C51 程序设计方法。

（2）掌握 C51 的分支程序设计方法。

实验内容

根据 P1.0 口输入开关的状态确定操作。P1.0=1，操作数左移一位；P1.0=0，操作数右移一位。

实验基础知识

C51 的程序结构与标准的 C 语言程序结构相同，采用的是函数结构，一个应用程序由一个或多个函数构成。其中有且只有一个 main()函数，程序从 main()函数开始执行，至 main()函数结束时结束。在 main()函数中可以调用库函数或用户定义的函数。

if 语句比较适合于从两者之间选择。当要实现从几种可能中选择一个时，可采用switch...case 多分支选择语句，使程序变得更为简洁。

参考程序流程图

参考程序流程图如图 2-4 所示。

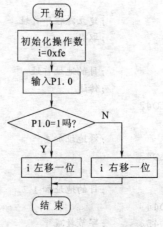

图 2-4 参考程序流程

参考程序

```
#include<reg51.h>        //包含特殊功能寄存器定义的头文件
sbit K=P1^0;             //开关 K

void main (void)
{
  unsigned char i=0xfe;
  if(K==1)
    i=(i<<=1)+1;
  else
    i=(i>>=1)+0x80;
}
```

思考题

if 语句与 switch...case 语句的主要区别是什么？各在什么情况下使用比较合适？

2.5　C51 程序实验二（循环程序）

实验目的

（1）通过实验掌握 C51 程序设计方法。

（2）掌握 C51 的循环程序设计方法。

实验内容

编写一个 C51 程序，求 1~100 的和。

实验基础知识

for 循环语句的一般格式为：

for（表达式 1；表达式 2；表达式 3）

程序的执行过程为：

- 求解表达式 1。
- 求解表达式 2，若其值为真，则执行 for 后面的语句。
- 如果为假，那么跳过 for 循环语句。
- 求解表达式 3。
- 转到第 2 步，继续执行，直至条件为假时结束循环。

while 语句先判定其循环条件为真或为假。如果为真，则执行循环体；否则跳出循环体，执行后续操作。

while 语句格式为：

while（表达式）语句

while 语句执行过程为：

- 表达式是循环能否进行的条件，为真时继续执行循环，为假时退出循环；
- 在循环体中应该有使循环最终能结束的语句；

- 循环体如果包含一个以上的语句，应该用括号{}括起来，以复合语句形式出现。如果不加括号，则 while 语句的范围只到 while 后面第一个分号处。

参考程序流程图

参考程序流程图如图 2-5 所示。

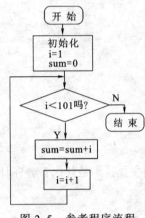

图 2-5　参考程序流程

参考程序

```
void main (void)
{
    int  i, sum;
    i=1, sum=0;
    while(i<101)
    {
        sum=sum+i;        /*注意 { } 不能省，否则跳不出循环体*/
        i++;
    }
}
```

思考题

for 语句与 while 语句的主要区别是什么？各在什么情况下使用比较合适？

2.6　C51 与汇编语言混合程序实验（C51 中嵌入汇编）

实验目的

(1) 通过实验掌握 C51 和汇编指令混合编程的基本方法。

(2) 掌握 C51 中嵌入汇编的程序设计方法。

实验内容

编写一个 C51 程序，让 P2.0 口定时反转，定时程序用汇编语言实现。

实验基础知识

在 C 语言中嵌入汇编语言需要 3 个步骤：

（1）通过使用预处理指令＃pragma asm 和＃pragma endasm 可以在 C51 中嵌入汇编语言。用户编写的汇编语言可以紧跟在＃pragma asm 之后，而在＃pragma endasm 之前结束。如下所示：

```
# pragma asm
/*汇编源程序*/
# pragma endasm
```

在＃pragma asm 和＃pragma endasm 之间的语句将作为汇编语言的语句输出到由编译器产生的汇编语言文件中。

（2）在 Project 窗口中包含汇编代码的 C 文件上，用右键选择"Options for ..."，选中右边的"Generate Assembler SRC File"和"Assemble SRC File"，使检查框由灰色变成黑色（有效）状态。

（3）根据选择的编译模式，把相应的库文件（如 Small 模式时，是 Keil\C51\Lib\C51S.Lib）加入工程中，该文件必须作为工程的最后文件。

参考程序流程图

参考程序流程图如图 2-6 所示。

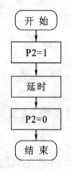

图 2-6　参考程序流程

参考程序

```
#include<reg51.h>  //包含特殊功能寄存器定义的头文件
/*----------主函数----------*/
void main (void)
{
    P2=1;
    #pragma asm
        MOV R7,#10
    DEL: MOV R6,#20
        DJNZ R6,$
        DJNZ R7,DEL
    #pragma endasm
    P2=0;
}
```

思考题

在 C 语言中嵌入汇编语言需要哪几个步骤？

第3章 基本接口实验

本章主要介绍 51 单片机的基本接口实验，包括：I/O 口、键盘显示接口、AD/DA 接口和 UART 接口等实验。本章的实验需要连接实验仪或者搭建硬件电路、需要使用硬件仿真器、需要在 Keil μVision4 集成开发环境下选择相应的仿真器来进行仿真调试。通过本章的实验使学生能够掌握 51 单片机基本接口的应用设计方法。

3.1 P1 口亮灯实验

实验目的

（1）学习 P1 口的使用方法。

（2）学习延时子程序的编写。

实验内容

P1 口输出口，接八只发光二极管，编写程序，使发光二极管循环点亮。

实验基础知识

（1）P1 口为准双向口，每一位都可独立地定义为输入或输出，在作输入线使用前，必须向锁存器相应位写入"1"，该位才能作为输入。

（2）本实验中延时子程序采用指令循环来实现。

延时时间=机器周期×指令所需机器周期数×循环次数

实验电路

实验电路如图 3-1 所示。

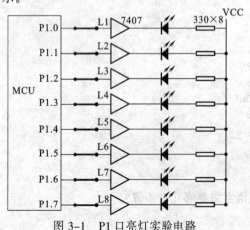

图 3-1　P1 口亮灯实验电路

参考程序流程图

参考程序流程图如图 3-2 所示。

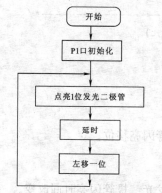

图 3-2　P1 口亮灯实验程序流程图

参考汇编语言程序

```
        ORG    0000H
        LJMP   STAR
        ORG    0030H
STAR:   MOV    P1,#0FFH        ;送 P1 口
        MOV    A,#0FEH         ;L1 发光二极管点亮
LOOP:   MOV    P1,A
        LCALL  DEL             ;延时
        RL     A               ;左移位
        SJMP   LOOP            ;循环
DEL:    MOV    R6,#0A0H        ;延时子程序
DEL1:   MOV    R7,#0FFH
        DJNZ   R7,$
        DJNZ   R6,DEL1
        RET
        END
```

参考 C 语言程序

```c
#include<reg51.h>            //包含特殊功能寄存器定义的头文件
void Delay(unsigned int t);  //函数声明
/*----------主函数----------*/
void main (void)
{
  unsigned char i;           //定义一个无符号字符型局部变量 i 取值范围 0~255
  while (1)
  {
    P1=0xfe;                 //赋初始值
    for(i=0;i<8;i++)         //加入 for 循环，表明 for 循环大括号中的程序循环执行 8 次
    {
      Delay(40000);
      P1=P1*2+1;
```

```
    }
  }
}
/*--------- 延时函数--------------------*/
void Delay(unsigned int t)
{
    while(--t);
}
```

实验结果

全速运行程序后，发光二极管闪亮移位。

思考题

(1) 如何改变延时常数，使发光二极管闪亮时间改变。

(2) 如何修改程序，使发光二极管闪亮移位方向改变。

3.2 P1 口转弯灯实验

实验目的

进一步了解 P1 口的使用，掌握 I/O 口的编程方法及调试技巧。

实验基础知识

同 3.1 P1 口亮灯实验。

实验内容

P1.0 经开关 K1 接+5 V，右转弯灯闪亮；P1.1 经开关 K2 接+5 V 时，左转弯灯闪亮，P1.0、P1.1 同时接+5 V 或接地时，转弯灯均不闪亮。

实验电路

实验电路如图 3-3 所示。

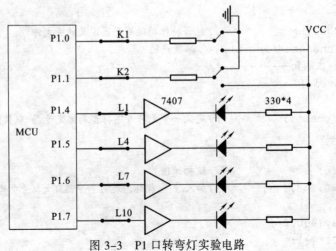

图 3-3 P1 口转弯灯实验电路

参考程序流程图

参考程序流程图如图 3-4 所示。

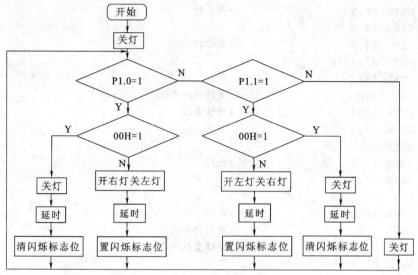

图 3-4 P1 口转弯灯实验程序流程图

参考汇编语言程序

```
        ORG    0000H
        LJMP   STAR
        ORG    0030H
STAR:   MOV    P1,#0FFH        ;初始化
PX03:   MOV    A,P1
        MOV    B,A
        ANL    A,#03H
        CJNE   A,#01H,PX01     ;满足只有 P1.0 为高电平条件
        JB     00H,PX04        ;判闪烁标志位
        CLR    P1.4
        CLR    P1.5            ;开右灯
        SETB   P1.6
        SETB   P1.7            ;关左灯
        MOV    R2,#20H
        LCALL  DELY            ;延时
        SETB   00H             ;置闪烁标志位
        LJMP   PX03            ;继续查找状态
PX04:   SETB   P1.4
        SETB   P1.5
        SETB   P1.6            ;关灯
        SETB   P1.7
        MOV    R2,#20H
        LCALL  DELY            ;延时
        CLR    00H             ;清闪烁标志位
        AJMP   PX03            ;继续查找状态
```

```
PX01: CJNE  A,#02H,PX02          ;满足只有 P1.1 为高电平条件吗?
      JB    01H,PX05             ;判闪烁标志位
      SETB  P1.4
      SETB  P1.5                 ;开左灯
      CLR   P1.6
      CLR   P1.7                 ;关右灯
      MOV   R2,#20H
      LCALL DELY                 ;延时
      SETB  01H                  ;置闪烁标志位
      LJMP  PX03                 ;继续查找
PX05: SETB  P1.4
      SETB  P1.5
      SETB  P1.6                 ;关灯
      SETB  P1.7
      MOV   R2,#20H
      LCALL DELY                 ;延时
      CLR   01H                  ;清闪烁标志位
      LJMP  PX03                 ;继续查找状态
PX02: SETB  P1.4
      SETB  P1.5
      SETB  P1.6                 ;关灯
      SETB  P1.7
      LJMP  PX03                 ;继续
;========延时==========
DELY: PUSH  02H
DEL2: PUSH  02H
DEL3: PUSH  02H
DEL4: DJNZ  R2,DEL4
      POP   02H
      DJNZ  R2,DEL3
      POP   02H
      DJNZ  R2,DEL2
      POP   02H
      DJNZ  R2,DELY
      RET
      END
```

参考 C 语言程序

```c
#include<reg51.h>                //包含特殊功能寄存器定义的头文件
void Delay(unsigned int t);      //函数声明
bit ss=0x0;                      //闪烁标志位

/*----------主函数----------*/
void main (void)
{
    unsigned char i;            //定义一个无符号字符型局部变量 i 取值范围 0~255
    P1=0xff;                    //关灯
    while(1)
```

```
    {
        i=P1;
        i&=0x3;
        switch(i)
        {
        case 1:{
            P1=0xcf;              //开右灯关左灯
            Delay(30000);         //延时
            P1=0xff;              //关灯
            Delay(30000);         //延时
            }
            break;
        case 2:{
            P1=0x3f;              //关右灯开左灯
            Delay(30000);         //延时
            P1=0xff;              //关灯
            Delay(30000);         //延时
            }
            break;
        default:
            P1=0xff;              //关灯
            break;
        }
    }
}
/*--------- 延时函数----------------------*/
void Delay(unsigned int t)
{
    while(--t);
}
```

实验结果

全速运行程序后，应看到转弯灯正确闪亮。

思考题

如何计算延时子程序的延时时间？

3.3　简单 I/O 口扩展实验

实验目的

(1) 学习简单 I/O 口的扩展方法。

(2) 学习输入输出程序的编制方法。

实验内容

用 74LS244 作为输入口，读取开关状态，并将此状态通过 74LS273 再驱动发光二极管显示出来。

实验基础知识

在简单的无条件传送方式下，可直接采用 TTL/CMOS 锁存器、缓冲器设计接口。

对于输入接口：要求芯片具有三态输出电路。对于输出接口：要求芯片具有锁存功能。常用的 TTL/CMOS 锁存器、缓冲器有：74LS373、74LS374、74LS244、74LS273、74LS267 等。

实验电路

实验电路如图 3-5 所示。

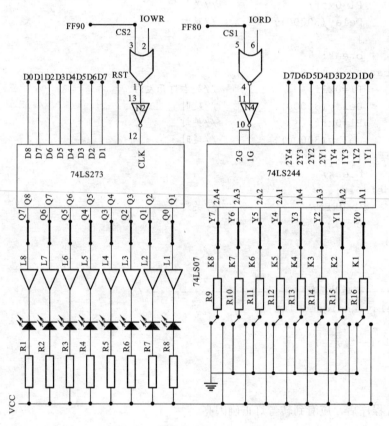

图 3-5　简单 I/O 接口实验电路

参考程序流程图

参考程序流程图如图 3-6 所示。

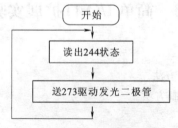

图 3-6　简单 I/O 接口实验程序流程

参考汇编语言程序

```
        ORG   0000H
        LJMP  STAR
        ORG   0030H
STAR:   MOV   DPTR,#0FF80H
        MOVX  A,@DPTR          ;取出 244 状态
        MOV   DPTR,#0FF90H
        MOVX  @DPTR,A          ;送 273 驱动发光二极管
        SJMP  STAR
        END
```

参考 C 语言程序

```c
#include<reg51.h>            //包含特殊功能寄存器定义的头文件
#include<absacc.h>           //包含绝对地址访问的头文件
void Delay(unsigned int t);  //函数声明
#define K XBYTE[0xff80]      //开关
#define LED XBYTE[0xff90]    //灯


/*----------主函数----------*/
void main (void)
{
  while(1)
  {
    LED=K;
  }
}
```

实验结果

全速运行程序后，按动 K1~K8，观察 L1~L8 是否对应点亮。

思考题

可否用 74LS273 作为输入口，74LS244 作为输出口。

3.4　8255A 并行接口实验

实验目的

掌握 8255A 的编程和使用方法

实验内容

用 8255A PA 口连接的开关控制 PB 口连接的指示灯。

实验基础知识

(1)8255A 芯片简介：8255A 可编程外围接口芯片是 INTEL 公司生产的通用并行接口芯片，

它具有 A、B、C 三个并行接口，用+5V 单电源供电，能在以下三种方式下工作：

方式 0：基本输入/输出方式

方式 1：选通输入/输出方式

方式 2：双向选通工作方式

（2）实验原理：将 8255A 的端口 A 设置为方式 0 并作为输入口，读取 K1~K8 个开关量，PB 口设置为方式 0 作为输出口。

（3）8255A 的端口地址由 nCS、A0、A1 的接线确定，本实验假定端口地址分别为：

PA 口 0FF28H;　　　　PB 口　0FF29H;

PC 口 0FF2AH;　　　　控制口　0FF2BH。

若不符合，请修改参考程序中的端口地址。

实验电路

实验电路如图 3-7 所示。

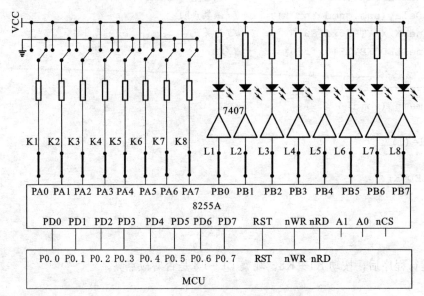

图 3-7　8255A 并行接口实验电路

参考程序流程图

参考程序流程图如图 3-8 所示。

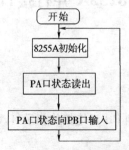

图 3-8　8255A 并行接口实验程序流程

参考汇编语言程序

```
        ORG    0000h
        LJMP   STAR
        ORG    0030H
STAR:   MOV    DPTR,#0FF2BH
        MOV    A,#90H
        MOVX   @DPTR,A          ;8255A 初始化
LOP:    MOV    DPTR,#0FF28H
        MOVX   A,@DPTR          ;PA 口状态读出
        INC    DPTR
        MOVX   @DPTR,A          ;PA 口状态向 PB 口输入
        SJMP   LOP
        END
```

参考 C 语言程序

```
#include<reg51.h>              //包含特殊功能寄存器定义的头文件
#include<absacc.h>             //包含绝对地址访问的头文件
#define con XBYTE[0xff2b]      //8255A 的控制口
#define pa XBYTE[0xff28]       //8255A 的 PA 口
#define pb XBYTE[0xff29]       //8255A 的 PB 口

/*----------主函数----------*/
void main (void)
{
   con=0x90;//初始化 8255A
   while(1)
   {
      pb=pa;
   }
}
```

思考题

若要求以 8255 的 A 口为输入，B 口为输出，输入与输出仍用开关及发光二极管，要求当输入不是全 0 时，输出与输入保持一致；当输入为全 0 时，A 口输出发光二极管循环闪烁报警信号，应如何设计？

3.5 8255 控制交通灯

实验目的

进一步了解 8255 芯片的使用方法，学习模拟交通灯控制的实现方法。

实验内容

用 8255 作为输出口，控制十二个发光二极管亮灭，模拟交通灯亮灭规律。

实验基础知识

1．交通灯的亮灭规律

要完成本实验，首先必须了解交通路灯的亮灭规律。

设有一个十字路口，1、3 为南北方向，2、4 为东西方向，如图 3-9 所示。

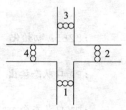

图 3-9　一个十字路口

初始状态为四个路口的红灯全亮，之后，1、3 路口的绿灯亮，2、4 路口的红灯亮，1、3 路口方向通车。延时一段时间后，1、3 路口的绿灯熄灭，而 1、3 路口的黄灯开始闪烁，闪烁若干次以后，1、3 路口的红灯亮，而同时 2、4 路口的绿灯亮，2、4 路口方向通车，再延时一段时间后，2、4 路口的绿灯熄灭，而黄灯开始闪烁，闪烁若干次以后，切换到 1、3 路口方向，之后，重复上述过程。

2．8255A 的端口地址

8255A 的端口地址由 nCS、A0、A1 的接线确定，本实验假定端口地址分别为：

PA 口 0FF28H;　　PB 口 0FF29H;

PC 口 0FF2AH;　　控制口 0FF2BH.

若不符合，请修改参考程序中的端口地址。

实验电路

实验电路如图 3-10 所示。

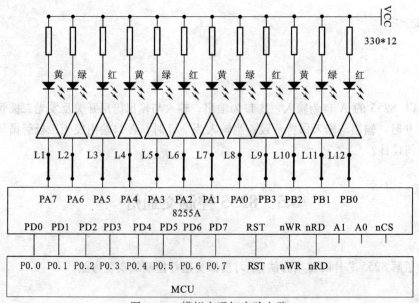

图 3-10　模拟交通灯实验电路

参考程序流程图

参考程序流程图如图 3-11 所示。

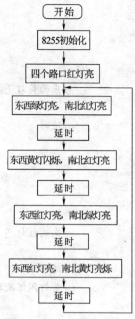

图 3-11 实验程序流程图

参考汇编语言程序

```
        ORG   0000H
        LJMP  STAR
        ORG   0030H
STAR:   MOV   SP,#60H
        MOV   DPTR,#0FF2BH
        MOV   A,#88H
        MOVX  @DPTR,A              ;8255 初始化
        MOV   DPTR,#0FF28H
        MOV   A,#0B6H
        MOVX  @DPTR,A
        INC   DPTR
        MOV   A,#0DH
        MOVX  @DPTR,A              ;点亮 4 个红灯
        MOV   R2,#25H              ;延时
        LCALL DELY
JOD3:   MOV   DPTR,#0FF28H
        MOV   A,#0D7H
        MOVX  @DPTR,A
        INC   DPTR
        MOV   A,#05H
        MOVX  @DPTR,A              ;东西绿灯亮，南北红灯亮
        MOV   R2,#55H
```

```
            LCALL DELY              ;延时
            MOV   R7,#05H           ;黄灯闪烁
JOD1:  MOV   DPTR,#0FF28H
            MOV   A,#0CFH
            MOVX  @DPTR,A
            INC   DPTR
            MOV   A,#03H
            MOVX  @DPTR,A           ;东西黄灯亮，南北红灯亮
            MOV   R2,#20H
            LCALL DELY              ;延时
            MOV   DPTR,#0FF28H
            MOV   A,#0DFH
            MOVX  @DPTR,A
            INC   DPTR
            MOV   A,#07H
            MOVX  @DPTR,A           ;南北红灯亮
            MOV   R2,#20H
            LCALL DELY              ;延时
            DJNZ  R7,JOD1           ;黄灯闪烁次数未到继续
            MOV   DPTR,#0FF28H
            MOV   A,#0BAH
            MOVX  @DPTR,A
            INC   DPTR
            MOV   A,#0EH
            MOVX  @DPTR,A           ;东西红灯亮，南北绿灯亮
            MOV   R2,#55H
            LCALL DELY              ;延时
            MOV   R7,#05H           ;黄灯闪烁
JOD2:  MOV   DPTR,#0FF28H
            MOV   A,#79H
            MOVX  @DPTR,A
            INC   DPTR
            MOV   A,#0EH
            MOVX  @DPTR,A           ;东西红灯亮，南北黄灯亮
            MOV   R2,#20H
            LCALL DELY              ;延时
            MOV   DPTR,#0FF28H
            MOV   A,#0FBH
            MOVX  @DPTR,A
            INC   DPTR
            MOV   A,#0EH
            MOVX  @DPTR,A           ;东西红灯亮
            MOV   R2,#20H
            LCALL DELY              ;延时
            DJNZ  R7,JOD2           ;黄灯闪烁次数未到继续
```

```
      LJMP JOD3                          ;循环
;======延时============
DELY: PUSH 02H
DEL2: PUSH 02H
DEL3: PUSH 02H                          ;延时
DEL4: DJNZ R2,DEL4
      POP 02H
      DJNZ R2,DEL3
      POP 02H
      DJNZ R2,DEL2
      POP 02H
      DJNZ R2,DELY
      RET
      END
```

参考 C 语言程序

```c
#include<reg51.h>              //包含特殊功能寄存器定义的头文件
#include<absacc.h>
unsigned char code tab[]={0xb6,0x0d,0xd7,0x05,0xcf,0x03,0xdf,0x07,0xba,0x0e,
0x79,0x0e,0xfb,0x0e};         // 输出状态列表
void DelayUs2x(unsigned char t);
void DelayMs(unsigned int t);
#define con XBYTE[0xff2b]    //8255A 的控制口
#define pa XBYTE[0xff28]     //8255A 的 PA 口
#define pb XBYTE[0xff29]     //8255A 的 PB 口

/*----------主函数----------*/
void main (void)
{
   unsigned char i,j;
   con=0x88;                 //初始化 8255A
   //点亮 4 个红灯
   pa=tab[0];
   pb=tab[1];
   DelayMs(1000);            //延时
   while(1)
   {
     for(i=2;i<14;i=i+6)
     {
       //第一遍 东西绿灯亮，南北红灯亮
       //第二遍 东西红灯亮，南北绿灯亮
       pa=tab[i];
       pb=tab[i+1];
       DelayMs(4000);        //延时
       //第一遍 东西黄灯闪烁，南北红灯亮
       //第二遍 东西红灯亮，南北黄灯闪烁
       for(j=0;j<5;j++)
```

```
        {
            pa=tab[i+2];
            pb=tab[i+3];
            DelayMs(500);        //延时
            pa=tab[i+4];
            pb=tab[i+5];
            DelayMs(500);        //延时
        }
    }
}
/*------μs 延时函数, 使用晶振 12 MHz, 延时时间如下 T=tx2+5 μs */
void DelayUs2x(unsigned char t)
{
    while(--t);
}
/*------ms 延时函数, 使用晶振 12 MHz, 延时约 1 ms */
void DelayMs(unsigned int t)
{
    while(t--)
    {
        //延时约 1 ms
        DelayUs2x(245);
        DelayUs2x(245);
    }
}
```

实验结果

全速运行程序后, 初始态为四个路口的红灯全亮之后, 东西路口的绿灯亮, 南北路口的红灯亮, 东西路口方向通车, 延时一段时间后东西路口的绿灯熄灭, 黄灯开始闪烁, 闪烁若干次后, 东西路口红灯亮, 而同时南北路口的绿灯亮, 南北路口方向开始通车, 延时一段时间后, 南北路口的绿灯熄灭, 黄灯开始闪烁, 闪烁若干次后, 再切换到东西路口方向, 之后重复以上过程。

思考题

如果希望实际应用时, 能够方便地调整各延时时间, 应该如何修改设计?

3.6 8255A 键盘与显示器接口实验

实验目的

掌握采用 8255A 扩展键盘与显示器的工作原理。

实验内容

用 8255A 接口芯片来控制实验系统键盘显示, 按下数字键, 在数码管上应显示相应的数字; 按 MON 键, 显示 8255A; 按其他功能键不响应。

实验基础知识

　　应用 8255A 的 PA 口作为键盘扫描输出/显示字选控制口；PB 口作为显示段码输出口；PC 口作为键盘扫描输入口。初始化 8255A 为 PA 口输出、PB 口输出、PC 口输入。本实验的键盘扫描采用行扫描法。

　　8255A 的端口地址由 nCS、A0、A1 的接线确定，本实验假定端口地址分别为：

PA 口	0FF20H	键盘扫描输出/显示字选控制口；
PB 口	0FF21H	显示段选码输出口；
PC 口	0FF22H	键盘扫描输入口；
控制口	0FF23H	

　　若不符合，请修改参考程序中的端口地址。

实验电路

　　实验电路，如图 3-12 所示。

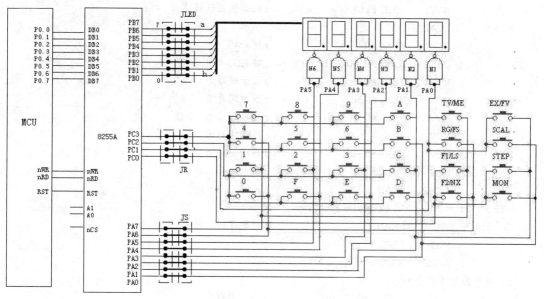

图 3-12　实验电路

参考程序流程图

　　参考程序流程图如图 3-13 所示。

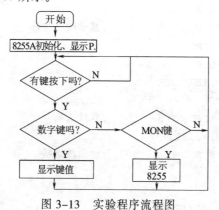

图 3-13　实验程序流程图

参考汇编语言程序

```
            ORG    0000H
            LJMP   STAR
            ORG    0030H
   STAR:    MOV    SP,#80H
            MOV    A,#89H
            MOV    DPTR,#0FF23H          ;8255A 初始化
            MOVX   @DPTR,A
            MOV    7EH,#11H              ;初始化显示缓存 P.
   H8255_4: MOV    7DH,#10H             ;初始化显示缓存
            MOV    7CH,#10H             ;初始化显示缓存
            MOV    7BH,#10H             ;初始化显示缓存
            MOV    7AH,#10H             ;初始化显示缓存
            MOV    79H,#10H             ;初始化显示缓存
   SCAN:    LCALL  DIS                  ;显示
            LCALL  K_SCAN               ;键扫描
            CJNE   A,#1FH,H8255_2       ;非 MON 键，转移
            MOV    7EH,#08H             ;显示缓存 8
            MOV    7DH,#02H             ;显示缓存 2
            MOV    7CH,#05H             ;显示缓存 5
            MOV    7BH,#05H             ;显示缓存 5
            MOV    7AH,#0AH             ;显示缓存 A
            MOV    79H,#10H             ;显示缓存
            AJMP   SCAN
   H8255_2: CJNE   A,#10H,H8255_3
   H8255_3: JNC    SCAN                 ;非数字键，转移
            MOV    7EH,A
            AJMP   H8255_4
   ;=====显示子程序========
   DIS:     MOV    DPTR,#0FF20H         ;显示子程序
            MOV    A,#0FFH
            MOVX   @DPTR,A
            INC    DPTR
            MOVX   @DPTR,A
            MOV    R0,#7EH              ;显示缓存指针
            MOV    R2,#20H
            MOV    R3,#00H
   DIS_1:   MOV    DPTR,#DISTAB
            MOV    A,@R0
            MOVC   A,@A+DPTR            ;取段选码
            MOV    DPTR,#0ff21H
            MOVX   @DPTR,A              ;输出段选码
            MOV    A,R2
            CPL    A
            MOV    DPTR,#0ff20H
```

```
          MOVX    @DPTR,A              ;输出位选码
          CPL     A
          DEC     R0
DIS_2:    DJNZ    R3,DIS_2             ;延时
          CLR     C
          RRC     A
          MOV     R2,A
          JZ      DIS_3
          MOV     A,#0FFH
          MOVX    @DPTR,A              ;关闭显示
          AJMP    DIS_1
DIS_3:    MOV     DPTR,#0ff21H
          MOV     A,#0FFH
          MOVX    @DPTR,A              ;关闭显示
          RET
DISTAB:   DB 0C0H,0F9H,0A4H,0B0H,99H,92H,82H,0F8H  ;段选码
          DB 80H,90H,88H,83H,0C6H,0A1H,86H,8EH
          DB 0FFH,0CH,89H,7FH,0BFH
;=================================
;=====键扫描，取键值
;==== 有键按下，返回键值在 A 中
;==== 无键按下，返回 20H 在 A 中
;=================================
K_SCAN:   MOV     DPTR,#0FF21H         ;键扫描
          MOV     A,#0FFH
          MOVX    @DPTR,A
          MOV     R2,#0FEH             ;初始化键扫描
          MOV     R3,#08H              ;初始化循环指针
          MOV     R0,#00H
K_1:      MOV     A,R2
          MOV     DPTR,#0FF20H
          MOVX    @DPTR,A              ;键扫描输出
          RL      A
          MOV     R2,A
          MOV     DPTR,#0FF22H
          MOVX    A,@DPTR              ;键扫描输入
          CPL     A
          ANL     A,#0FH
          JNZ     K_GET               ;有键按下，转移
K_0:      INC     R0
          DJNZ    R3,K_1
          MOV     A,#20H               ;无键按下
          RET
K_GET:    MOV     R7,A                 ;除抖
          MOV     R5,#0
```

```
DEL1:    MOV    R6,#0
         DJNZ   R6,$
         DJNZ   R5,DEL1
         MOVX   A,@DPTR
         CPL    A
         ANL    A,#0FH
         CJNE   A,07H,K_0
K_00:    MOVX   A,@DPTR          ;等待键释放
         CPL    A
         ANL    A,#0FH
         JNZ    K_00
         MOV    A,R7
         CPL    A                ;取键值
         JB     ACC.0,K_4
         MOV    A,#00H
         SJMP   K_5
K_4:     JB     ACC.1,K_8
         MOV    A,#08H
         SJMP   K_5
K_8:     JB     ACC.2,K_9
         MOV    A,#10H
         SJMP   K_5
K_9:     JB     ACC.3,K_7
         MOV    A,#18H
K_5:     ADD    A,R0
         CJNE   A,#10H,K_6
K_6:     JNC    K_7
         MOV    DPTR,#KEYTAB
         MOVC   A,@A+DPTR
K_7:     RET
KEYTAB:  DB     07H,04H,08H,05H,09H,06H,0AH,0BH
         DB     01H,00H,02H,0FH,03H,0EH,0CH,0DH
         END
```

参考 C 语言程序

```c
#include<reg51.h>                //包含特殊功能寄存器定义的头文件
#include"DIS8255.h"
#define con XBYTE[0xff2b]        //8255A 的控制口
#define pa XBYTE[0xff28]         //8255A 的 PA 口   键盘扫描输出/显示字选控制口
#define pb XBYTE[0xff29]         //8255A 的 PB 口   显示段选码输出口
#define pc XBYTE[0xff2a]         //8255A 的 PC 口   键盘扫描输入口
unsigned char code dofly_DuanMa[]={0xc0,0xf9,0xa4,0xb0,0x99,0x92,0x82,0xf8,
0x80, 0x90, 0x88,0x83,0xc6,0xa1,0x86,0x8e,0xff,0x0c,0x89,0x7f,0xbf};//显示
段码值 0~F
unsigned char TempData[]={0x10,0x10,0x10,0x10,0x10,0x11};     //显示缓存
```

```c
unsigned char KEYTAB[]={0x07,0x04,0x08,0x05,0x09,0x06,0x0A,0x0B,0x01,0x00,
0x02, 0x0F, 0x03,0x0E,0x0C,0x0D};
/*--------------主函数-------------------------*/
void main(void)
{
  unsigned char i;
  int_8255();

  while (1)                 //主循环
  {
    Display();
    i=KeyScan();            //取键值

    if(i<0x10)
    {
      TempData[5]=i;
       Display();
    }
    while(i==0x1f)
    {
      TempData[5]=8;
      TempData[4]=2;
      TempData[3]=5;
      TempData[2]=5;
      TempData[1]=0xa;
      Display();
    }
  }
}
/*--------- 8255初始化---------*/
void int_8255()
{
  con=0x89;               //初始化8255A
}
/*----μs 延时函数，这里使用晶振 12 MHz，大致延时长度如下 T=tx2+5 μs -----*/
void DelayUs2x(unsigned char t)
{
  while(--t);
}
/*----ms 延时函数，含有输入参数 unsigned char t，无返回值，使用晶振 12 MHz----*/
void DelayMs(unsigned int t)
{
  while(t--)               //延时约1 ms
  {
    DelayUs2x(245);
    DelayUs2x(245);
  }
}
```

```
/*---------- 显示函数，用于动态扫描数码管---------*/
   void Display()
   {
      unsigned char i,j;
      pa=0xff;                           //位锁
      j=0xfe;
      for(i=0;i<6;i++)
      {

         pb=dofly_DuanMa[TempData[i]];//输出段选码
         pa=j;                           //输出位选码
         DelayMs(2);
         pa=0xff;
         j=(j<<1)+1;
      }
   }
/*------按键扫描函数，返回键位值---------------*/
   unsigned char KeyScan(void)       //键盘扫描函数，使用行列逐级扫描法
   {
      unsigned char i,j,k;
      pb=0xff;                           //关闭显示
      pa=0x00;                           //拉低
      i=pc&0x0f;

      if(i!=0x0f)                        //表示有按键按下
      {
         DelayMs(20);                    //去抖
         j=pc&0x0f;
         if(j==i)
         {                               //表示有按键按下
            k=0xfe;                      //检测第一行
            for(i=0;i<8;i++)
            {
               pa=k;
               j=pc&0x0f;
               switch(j)
               {
                case 0xe:k=0+i;goto key_1;break;
                case 0xd:k=0x8+i;goto key_1;break;
                case 0xb:k=0x10+i;goto key_1;break;
                case 0x7:k=0x18+i;goto key_1;break;
               }
               k=(k<<1)+1;
            }
   key_1:  if(k<0x10)
            {
               k=KEYTAB[k];
            }
         }
```

```
    }
    else  k=0x20;
    return k;
}
```

实验结果

全速运行程序后，数码管上显示 P，按下数字键，数码管上应能显示相应数字，按下功能键，数码管上显示 8、2、5、5、A。

思考题

如果键盘扫描采用线反转法，程序应该如何修改？

3.7 8279 键盘与显示器接口实验

实验目的

掌握采用 8279 扩展键盘与显示器的工作原理。

实验内容

用 8279 接口芯片来控制实验系统键盘显示，按下数字键，在数码管上应显示相应的数字；按 MON 键，显示 8279。

实验基础知识

1. 8279 芯片介绍

8279 是 Intel 公司生产的通用可编程键盘和显示器 I/O 接口器件。由于它本身可提供扫描信号，因而可代替微处理器完成键盘和显示器的控制，单个芯片就能完成键盘输入和 LED 显示控制两种功能。

8279 芯片的主要特征：

- 可兼容 MCS－85，MCS－48，MCS－51 等微处理器。
- 能同时执行键盘与显示器操作。
- 扫描式键盘工作方式。
- 有 8 个键盘 FIFO（先入先出）存储器。
- 带触点去抖动的二键锁定或 N 键巡回功能。
- 两个 8 位或 16 位的数字显示器。
- 可左/右输入的 16 字节显示用 RAM。
- 由键盘输入产生中断信号。
- 扫描式传感器工作方式。
- 用选通方式送入输入信号。
- 单个 16 字符显示器。
- 工作方式可由 CPU 编程。
- 可编程扫描定时。

2. 8279 的编程操作

① 初始化工作：

- 设定键盘和显示器的工作方式
- 设定时钟分频率，以使 8279 的内部时钟为 100 kHz。
- 按照硬件电路选定的中断口，设置中断控制字。

② 读 8279 的 FIFORAM 程序（取键值）。

在键盘方式下，8279 的读出总是按先入先出的顺序，所以不需设置 FIFORAM 首地址。取键值的操作方式有程序查询方式和程序中断方式 2 种。

③ 显示子程序。将要显示的字符的字形码写到显示 RAM 中。

3. 实验原理

（1）初始化设定。

8279 的键盘为编码扫描、2 键封锁，显示器为 8 字符、左端输入；若 8279 的 CLK 为 1 MHz，则时钟分频系数为 10。

（2）取键值的操作方式。

取键值的操作方式采用程序查询方式。通过读取 8279 的状态字，进行判别有无键按下。若无键按下，就循环等待；若有键按下，就取键值，再根据键值进行处理。

（3）8279A 的内部定时时钟为 100 kHz，本实验假定外部输入时钟信号为 1 MHz，选择分频系数为 10。若不符合，请修改参考程序中的分频系数。

（4）8279A 的端口地址由 nCS、A0 的接线确定，本实验假定端口地址分别为：

数据口　　　0FF80H

命令状态口　0FF81H

若不符合，请修改参考程序中的端口地址。

实验电路

实验电路如图 3-14 所示。

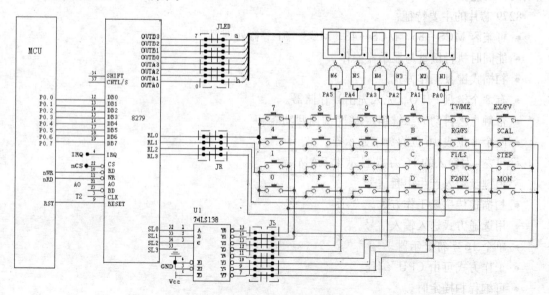

图 3-14　8279 实验电路

参考程序流程图

参考程序流程图如图 3-15 所示。

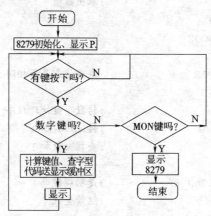

图 3-15 8279 实验程序流程

参考汇编语言程序

```
        ORG  0000H
        LJMP STAR
        ORG  0030H
STAR:   MOV  SP,#80H
        MOV  DPTR,#0FF81H
        MOV  A,#00H
        MOVX @DPTR,A          ;8279 方式字写入
        MOV  A,#2AH
        MOVX @DPTR,A          ;分频
        MOV  A,#0DFH
        MOVX @DPTR,A
CLE:    MOVX A,@DPTR          ;清缓冲区
        JB   ACC.7,CLE
        MOV  A,#85H
        MOVX @DPTR,A
        MOV  DPTR,#0FF80H
        MOV  A,#0C8H
        MOVX @DPTR,A          ;字形送入
        INC  DPTR
        MOV  A,#85H
        MOVX @DPTR,A          ;字位送入，显示 P
SCAN_2: MOV  30H,#85H
        MOV  31H,#40H
SCAN_3: MOV  DPTR,#0FF81H
        MOVX A,@DPTR
        ANL  A,#07H
        CJNE A,#00H,SCAN_4    ;有键按下吗
        AJMP SCAN_3
```

```
SCAN_4:   MOV   DPTR,#0FF80H
          MOVX  A,@DPTR
          MOV   B,A                      ;取出键值
          MOV   R1,#00H
          MOV   DPTR,#GOJZ
SCAN_5:   MOV   A,#00H
          MOVC  A,@A+DPTR                 ;查键值表是否相同
          CJNE  A,B,SCAN_6
          AJMP  SCAN_7                    ;转数字键处理程序
SCAN_6:   INC   DPTR                      ;键地址数加1
          INC   R1                        ;查找次数加1
          MOV   A,R1
          JB    ACC.4,SCAN_8              ;是功能键吗
          AJMP  SCAN_5                    ;继续查找
SCAN_8:   MOV   A,#0FBH
          CJNE  A,B,SCAN_9                ;键值相等吗
          AJMP  KEY_0                     ;转功能键处理子程序
SCAN_9:   AJMP  STAR                      ;无键按下返回
SCAN_7:   MOV   A,30H
          MOV   DPTR,#0FF81H              ;字位送入8279
          MOVX  @DPTR,A
          MOV   A,R1
          MOV   R0,31H
          MOV   @R0,A
          INC   31H                       ;字形缓冲区加1
          MOV   DPTR,#ZOE0
          MOVC  A,@A+DPTR                 ;取出字形代码
          MOV   DPTR,#0FF80H
          MOVX  @DPTR,A                    ;送入8279显示
          DEC   30H                        ;字位加1
          MOV   A,30H
          CJNE  A,#7FH,SCAN_1              ;显示到第8位,从头显示
          AJMP  SCAN_2
SCAN_1:   AJMP  SCAN_3
GOJZ:     DB    0C9H,0C1H,0D1H,0E1H,0C8H,0D8H,0E8H,0C0H,0D0H
          DB    0E0H,0F0H,0F8H,0F1H,0F9H,0E9H,0D9H
GOJZ1:    DB    08H,4AH,8FH,09H             ;8279字形码
ZOE0:     DB    0CH,9FH,4AH,0BH,99H,29H,28H,8FH,08H,09H,88H
          DB    38H,6CH,1AH,68H,0E8H
KEY_0:    MOV   R6,#80H
          MOV   R5,#0H
LOP1:     MOV   A,R6
          MOV   DPTR,#0FF81H
          MOVX  @DPTR,A                    ;字位送入8279
          MOV   DPTR,#GOJZ1
          MOV   A,R5
```

```
        MOVC  A,@A+DPTR
        MOV   DPTR,#0FF80H
        MOVX  @DPTR,A              ;字形送入 8279
        MOV   R2,#20H
        LCALL DELY                ;延时
        MOV   A,#0FFH
        MOVX  @DPTR,A             ;关显示
        INC   R6                  ;下一位显示
        INC   R5
        CJNE  R5,#04H,LOP1
        AJMP  KEY_0               ;不到最后一位继续
;======延时===========
DELY:   PUSH  02H
DEL2:   PUSH  02H
DEL3:   PUSH  02H
DEL4:   DJNZ  R2,DEL4
        POP   02H
        DJNZ  R2,DEL3
        POP   02H
        DJNZ  R2,DEL2
        POP   02H
        DJNZ  R2,DELY
        RET
    END
```

参考 C 语言程序

```c
#include<reg52.h>                        //包含特殊功能寄存器定义的头文件
#include<absacc.h>                       //包含绝对地址访问的头文件

#define con XBYTE[0xff81]                //8279A 的控制口
#define data8279 XBYTE[0xff80]           //8279A 的数据口
void DelayUs2x(unsigned char t);         //μs 级延时
void DelayMs(unsigned int t);            //ms 级延时
unsigned char code GOJZ[] = {0xc9,0xc1,0xd1,0xe1,0xc8,0xd8,0xe8,0xc0,
0xd0,0xe0, 0xf0, 0xf8,0xf1,0xf9,0xe9,0xd9};      //键值表
unsigned char code ZOE0[] ={0x0C,0x9f,0x4a,0x0b,0x99,0x29,0x28,0x8f,
0x08,0x09, 0x88, 0x38,0x6c,0x1a,0x68,0xe8};       //字形码
/*---------------主函数-------------------*/
void main (void)
{
    unsigned char i;
    unsigned char j;
    unsigned char k;
    con=0x00;                            //8279A 方式设定
    con=0x2a;                            //时钟分频系数为 10
```

```
    con=0xdf;                          //清缓冲区
    j=0xC8;                            //显示数据 P
    while (con^7!=1)                   //主循环
    {
       con=0x85;                       //写显示数据命令
       data8279=j;                     //显示数据
       DelayMs(20);
          while (con&0xf!=0)           //有键按下
          {
            k=data8279;
            for(i=0;i<0x10;i++)        //是数字键
            {
              if(GOJZ[i]==k)
              {
                j=ZOE0[i];
                data8279=ZOE0[i];
                DelayMs(20);
              }
            }
          if(k==0xfb)
          {
            while (1)
            {
              con=0x85;                //写显示数据命令
              data8279=ZOE0[8];        //显示数据
              DelayMs(500);            //延时
              data8279=0xff;           //关显示
              con=0x84;
              data8279=ZOE0[2];
              DelayMs(500);
              data8279=0xff;
              con=0x83;
              data8279=ZOE0[7];
              DelayMs(500);
              data8279=0xff;
              con=0x82;
              data8279=ZOE0[9];
              DelayMs(500);
              data8279=0xff;
            }
          }
       }
    }
}
/*---- μs 延时函数，这里使用晶振 12 MHz，大致延时长度如下 T=tx2+5 μs ----*/
```

```
void DelayUs2x(unsigned char t)
{
    while(--t);
}
/*----ms 延时函数，使用晶振 12 MHz，延时约 1ms */
void DelayMs(unsigned int t)
{
    while(t--)
    {
        DelayUs2x(245);
        DelayUs2x(245);
    }
}
```

实验结果

全速运行程序后，数码管上显示 P，按下数字键，数码管上应能显示相应数字，按下功能键，数码管上循环显示 8、2、7、9。

思考题

(1) 若取键值的操作方式采用程序中断方式，实验电路应如何修改？实验程序应如何修改？

(2) 修改程序，高四位数码管显示地址，后二位数码管显示数据。按功能键 F1 后，按下的数字键为地址；按功能键 F2 后，按下的数字键为数据。

3.8　ADC0809 模/数转换器接口实验

实验目的

掌握模/数转换器 ADC0809 的使用方法。

实验内容

利用电位器提供的可调电压作为 0809 模拟信号的输入，编写程序，将模拟量转换为数字量，通过数码管显示出来。

实验基础知识

1. ADC0809 芯片介绍

ADC0809 是逐次逼近比较型转换器，包括一个高阻抗斩波比较器。一个带有 256 个电阻分压器的树状开关网络；一个控制逻辑环节和八位逐次逼近数码寄存器；最后输出级有一个八位三态输出锁存器。

ADC0809 具有 8 路模拟量输入，八个输入模拟量受多路开关地址寄存器控制，当选中某路时，该路模拟信号 Vx 进入比较器与 D/A 输出的 Vr 比较，直至 Vr 与 Vx 相等或达允许误差止，然后将对应 Vx 的数码寄存器值送三态锁存器。当 OE 有效时，便可输出对应 Vx 的八位数码。

转换结果的读取可采用无条件传送方式、程序查询方式和程序中断方式。

2. 实验原理

ADC0809 的 START 端为 A/D 转换启动信号，ALE 端为通道选择地址的锁存信号，实验电路中将其相连，以便同时锁存通道地址并开始 A/D 采样转换，其输入控制信号为 nCS 和 nWR。

ADC0809 的 CLOCK 是转换定时时钟脉冲输入端，它的频率决定了 A/D 转换器的转换速率。其频率不能高于 640 kHz，其对应转换速度为 100 μs。

键盘与显示器采用 8255A 扩展接口，电路参见图 3-12。

8255A 的端口地址由 nCS、A0、A1 的接线确定，本实验假定端口地址分别为：

PA 口　　0FF20H　　键盘扫描输出/显示字选控制口；
PB 口　　0FF21H　　显示段选码输出口；
PC 口　　0FF22H　　键盘扫描输入口；
控制口　　0FF23H

若不符合，请修改参考程序中的端口地址。

本实验程序转换结果的读取采用无条件传送方式，程序的主要工作如下：

(1) 启动 A/D 转换，只需要如下两步：

　　① 设置 ADC0809 端口地址。

　　② 发 nCS 和 nWR 信号并送通道地址。

(2) 用延时方式等待 A/D 转换结果，读取 A/D 转换结果。

(3) 不断循环采样 A/D 转换的结果，边采样边显示 A/D 转换后的数字量。

实验电路

实验电路如图 3-16 所示。

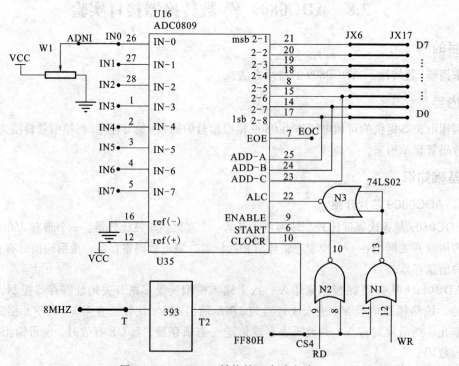

图 3-16　ADC0809 转换接口实验电路

参考程序流程图

参考程序流程图如图 3-17 所示。

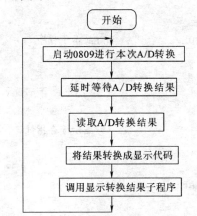

图 3-17　ADC0809 转换接口实验程序流程

参考汇编语言程序

```
        ORG    0000H
        LJMP   STAR
        ORG    0030H
STAR:   MOV    SP,#53H
        MOV    P2,#0ffh
        MOV    A,#81H
        MOV    DPTR,#0FF23H
        MOVX   @DPTR,A
        MOV    7EH,#00H
        MOV    7DH,#08H
        MOV    7CH,#00H
        MOV    7BH,#09H
        MOV    7AH,#10H
        MOV    79H,#10H         ;显示缓冲区初值
LO18:   LCALL  DIS              ;显示
        MOV    A,#00H
        MOV    DPTR,#0FF80H
        MOVX   @DPTR,A          ;0809 的 0 通道采样
        MOV    R7,#0FFH         ;延时
LO17:   DJNZ   R7,LO17
        MOVX   A,@DPTR          ;取出采样值
        MOV    R0,#79H
        LCALL  PTDS
        SJMP   LO18             ;采样值送显示缓冲区
PTDS:   MOV    R1,A             ;拆字,存入显示缓冲区
        ACALL  PTDS1
        MOV    A,R1
        SWAP   A
PTDS1:  ANL    A,#0FH
```

```
        MOV  @R0,A
        INC  R0
        RET
;=====显示子程序========
DIS:    MOV  DPTR,#0FF20H              ;显示子程序
        MOV  A,#0FFH
        MOVX @DPTR,A
        INC  DPTR
        MOVX @DPTR,A
        MOV  R0,#7EH                   ;显示缓存指针
        MOV  R2,#20H
        MOV  R3,#00H
DIS_1:  MOV  DPTR,#DISTAB
        MOV  A,@R0
        MOVC A,@A+DPTR                 ;取段选码
        MOV  DPTR,#0ff21H
        MOVX @DPTR,A                   ;输出段选码
        MOV  A,R2
        CPL  A
        MOV  DPTR,#0ff20H
        MOVX @DPTR,A                   ;输出位选码
        CPL  A
        DEC  R0
DIS_2:  DJNZ R3,DIS_2                  ;延时
        CLR  C
        RRC  A
        MOV  R2,A
        JZ   DIS_3
        MOV  A,#0FFH
        MOVX @DPTR,A                   ;关闭显示
        AJMP DIS_1
DIS_3:  MOV  DPTR,#0ff21H
        MOV  A,#0FFH
        MOVX @DPTR,A                   ;关闭显示
        RET
DISTAB:DB   0C0H,0F9H,0A4H,0B0H,99H,92H,82H,0F8H ;段选码
        DB   80H,90H,88H,83H,0C6H,0A1H,86H,8EH
        DB   0FFH,0CH,89H,7FH,0BFH
        END
```

参考 C 语言程序

```c
#include<reg52.h>              //包含特殊功能寄存器定义的头文件
#include<absacc.h>             //包含绝对地址访问的头文件
#define con XBYTE[0xff23]      //8255A 的控制口
#define pa XBYTE[0xff20]       //8255A 的 PA 口   键盘扫描输出/显示字选控制口
```

```c
#define pb XBYTE[0xff21]              //8255A 的 PB 口   显示段选码输出口
#define pc XBYTE[0xff22]              //8255A 的 PC 口   键盘扫描输入口
#define ADC0809 XBYTE[0xff80]         //ADC0809 的数据口
unsigned  char  code  dofly_DuanMa[]={0xc0,0xf9,0xa4,0xb0,0x99,0x92,0x82,
0xf8,0x80,  0x90,0x88,0x83,0xc6,0xa1,0x86,0x8e,0xff,0x0c,0x89,0x7f,0xbf};
//显示段码值 0~F
unsigned char TempData[]={0x10,0x10,0x09,0x0,0x08,0x0};   //显示缓存
void DelayUs2x(unsigned char t);   //μs 级延时
void DelayMs(unsigned char t);     //ms 级延时
void Display();                    //数码管显示函数
unsigned  char  code  GOJZ[]={0xc9,0xc1,0xd1,0xe1,0xc8,0xd8,0xe8,0xc0,0xd0,
0xe0,0xf0,  0xf8,0xf1,0xf9,0xe9,0xd9};   //键值表
unsigned char code ZOE0[]={0x0C,0x9f,0x4a,0x0b,0x99,0x29,0x28,0x8f,0x08,0x09,0x88,
0x38,0x6c,0x1a,0x68,0xe8};          //字形码
/*---------------主函数-------------------------*/
void main (void)
{
   unsigned char i;
   con=0x81;                        //初始化 8255A
   while (1)
   {
     Display();                     //显示
     ADC0809=0x0;                   //启动转换
     DelayMs(2);                    //延时
     i=ADC0809;
     TempData[0]= i&0x0f;
     TempData[1]= (i&0xf0)/16;
   }
}
/*----μs 延时函数，这里使用晶振12 MHz，大致延时长度如下 T=tx2+5  μs -----*/
void DelayUs2x(unsigned char t)
{
   while(--t);
}
/*----ms 延时函数，使用晶振12 MHz，延时约 1ms */
void DelayMs(unsigned int t)
{
   while(t--)
   {
     DelayUs2x(245);
     DelayUs2x(245);
   }
}
/*--------- 显示函数，用于动态扫描数码管---------*/
void Display()
```

```
{
    unsigned char i,j;
    pa=0xff;                              //位锁
    j=0xfe;
    for(i=0;i<6;i++)
    {
        pb=dofly_DuanMa[TempData[i]];      //输出段选码
        pa=j;                             //输出位选码
        DelayMs(2);
        pa=0xff;
        j=(j<<1)+1;
    }
}
```

实验结果

全速运行程序后，数码管上显示 0809xx，后二位显示当前采集的电压转换的数字量，调节电位器，显示器上会不断显示新的转换结果。

思考题

若程序转换结果的读取采用程序查询方式或程序中断方式，实验电路应如何修改？实验程序应如何修改？

3.9 DAC0832 数/模转换器接口实验

实验目的

掌握 DAC0832 的使用方法。

实验内容

通过 DAC0832 转换输出一个从 0 V 开始逐渐升至 5 V，再从 5 V 降至 0 V 的可变电压输出。

实验基础知识

1. 0832 芯片介绍

DAC0832 是采用 CMOS/Si-Cr 工艺制成的双列直插式单片 8 位 D/A 转换器，它可直接与 Z80、8085、8080 等 CPU 相连，也可与 8 位单片机相连，以电流形式输出；当转换为电压输出时，可外接运算放大器。其主要特性有：

- 输出电流线性度可在满量程下调节。
- 转换时间为 1 μs。
- 数据输入可采用双缓冲、单缓冲或直通方式。
- 增益温度补偿为 0.0002% FS/℃。
- 每次输入数字为 8 位二进制数。
- 功耗 29 mW。
- 逻辑电平输入与 TTL 兼容。

- 供电电源为单一电源，可在 5~15 V 内。

DAC0832 可工作在单、双缓冲器方式和直通工作方式。

（1）单缓冲器方式。

即输入寄存器的信号和 DAC 寄存的信号同时控制，使一个数据直接写入 DAC 寄存器。这种方式适用于只有一路模拟量输出或几路模拟量不需要同步输出的系统。

（2）双缓冲器方式。

即输入寄存器的信号和 DAC 寄存器信号分开控制，这种方式适用于几个模拟量需同时输出的系统。

（3）直通工作方式。

直通就是不进行缓冲，CPU 送来的数字量直接送到 DAC 转换器，条件是除 ILE 端加的电平以外，将所有的控制信号都接低电平。

2．实验原理

本实验选择 DAC0832 工作在单缓冲器方式，由 1 个地址同时控制输入寄存器信号和 DAC 寄存器。实现转换，只要将相应的数据写到该地址即可。

键盘与显示器采用 8255A 扩展接口，电路参见图 3-12。

8255A 的端口地址由 nCS、A0、A1 的接线确定，本实验假定端口地址分别为：

PA 口	0FF20H	键盘扫描输出/显示字选控制口；
PB 口	0FF21H	显示段选码输出口；
PC 口	0FF22H	键盘扫描输入口；
控制口	0FF23H	

若不符合，请修改参考程序中的端口地址。

实验电路

实验电路如图 3-18 所示。

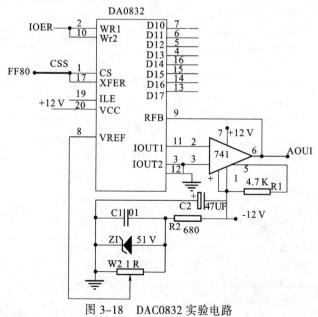

图 3-18　DAC0832 实验电路

参考程序流程图

参考程序流程图如图 3-19 所示。

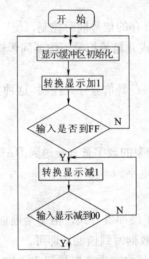

图 3-19 DAC0832 实验程序流程

参考汇编语言程序

```
            ORG     0000H
            LJMP    STAR
            ORG     0030H
    STAR:   MOV     SP,#53H
            MOV     P2,#0ffh
            MOV     A,#81H
            MOV     DPTR,#0FF23H
            MOVX    @DPTR,A
            MOV     7EH,#00H
            MOV     7DH,#08H
            MOV     7CH,#03H
            MOV     7BH,#02H            ;显示缓冲区初值
    RUN:    MOV     R6,#00H
    LOP_1:  MOV     DPTR,#0FF80H
            MOV     A,R6
            MOVX    @DPTR,A             ;送 0832 转换
            MOV     R0,#79H
            LCALL   PTDS
            LCALL   DIS                 ;显示
            MOV     R2,#08H
            LCALL   DELYA               ;延时
            INC     R6                  ;加1
            CJNE    R6,#0FFH,LOP_1      ;不到 FF 继续加
    LOP_2:  MOV     DPTR,#0FF80H
            DEC     R6
```

```
        MOV    A,R6              ;减1送0832转换
        MOVX   @DPTR,A
        MOV    R0,#79H
        LCALL  PTDS
        LCALL  DIS              ;显示
        MOV    R2,#08H
        LCALL  DELYA            ;延时
        CJNE   R6,#00H,LOP_2    ;不为0继续减
        SJMP   RUN              ;循环
PTDS:   MOV    R1,A             ;拆字，存入显示缓冲区
        LCALL  PTDS1
        MOV    A,R1
        SWAP   A
PTDS1:  ANL    A,#0FH
        MOV    @R0,A
        INC    R0
        RET
;======延时==========
DELYA:  PUSH   02H
DELYB:  PUSH   02H
DELYC:  PUSH   02H
DELYD:  DJNZ   R2,DELYD
        LCALL  DIS              ;调显示子程序
        POP    02H
        DJNZ   R2,DELYC
        POP    02H
        DJNZ   R2,DELYB
        POP    02H
        DJNZ   R2,DELYA         ;延时
        RET
;=====显示子程序========
DIS:    MOV    DPTR,#0FF20H     ;显示子程序
        MOV    A,#0FFH
        MOVX   @DPTR,A
        INC    DPTR
        MOVX   @DPTR,A
        MOV    R0,#7EH          ;显示缓存指针
        MOV    R2,#20H
        MOV    R3,#00H
DIS_1:  MOV    DPTR,#DISTAB
        MOV    A,@R0
        MOVC   A,@A+DPTR        ;取段选码
        MOV    DPTR,#0ff21H
        MOVX   @DPTR,A          ;输出段选码
        MOV    A,R2
```

```
              CPL    A
              MOV    DPTR,#0ff20H
              MOVX   @DPTR,A                 ;输出位选码
              CPL    A
              DEC    R0
     DIS_2:   DJNZ   R3,DIS_2                ;延时
              CLR    C
              RRC    A
              MOV    R2,A
              JZ     DIS_3
              MOV    A,#0FFH
              MOVX   @DPTR,A                 ;关闭显示
              AJMP   DIS_1
     DIS_3:   MOV    DPTR,#0ff21H
              MOV    A,#0FFH
              MOVX   @DPTR,A                 ;关闭显示
              RET
     DISTAB:  DB  0C0H,0F9H,0A4H,0B0H,99H,92H,82H,0F8H     ;段选码
              DB  80H,90H,88H,83H,0C6H,0A1H,86H,8EH
              DB  0FFH,0CH,89H,7FH,0BFH
              END
```

参考 C 语言程序

```
#include<reg52.h>                  //包含特殊功能寄存器定义的头文件
#include<absacc.h>                 //包含绝对地址访问的头文件
#define con XBYTE[0xff23]          //8255A 的控制口
#define pa XBYTE[0xff20]           //8255A 的 PA 口  键盘扫描输出/显示字选控制口
#define pb XBYTE[0xff21]           //8255A 的 PB 口  显示段选码输出口
#define pc XBYTE[0xff22]           //8255A 的 PC 口  键盘扫描输入口
#define DAC0832 XBYTE[0xff80]      //ADC0809 的数据口


unsigned  char  code  dofly_DuanMa[]={0xc0,0xf9,0xa4,0xb0,0x99,0x92,0x82,
0xf8,0x80,0x90,0x88,0x83,0xc6,0xa1,0x86,0x8e,0xff,0x0c,0x89,0x7f,0xbf};
//显示段码值 0~F
unsigned char TempData[]={0x10,0x10,0x02,0x03,0x08,0x00};  //显示缓存
void DelayUs2x(unsigned char t);   //μs 级延时
void DelayMs(unsigned char t);     //ms 级延时
void Display();                    //数码管显示函数

/*---------------主函数----------------------*/
void main (void)
{
    unsigned char i;
    con=0x81;                      //初始化 8255A
    Display();                     //显示
    while (1)
```

```
    {
      for(i=0;i<0xff;i++)
      {
       DAC0832=i;                     //启动转换
       TempData[0]= i&&0x0f;
       TempData[1]= (i&0xf0)/16;
        Display();                    //显示
        DelayMs(10);                  //延时
      }
      for(i=0xff;i>0;i--)
      {
       DAC0832=i;                     //启动转换
       TempData[0]= i&&0x0f;
       TempData[1]= (i&0xf0)/16;
        Display();                    //显示
        DelayMs(10);                  //延时
      }
   }
}
/*---- μs 延时函数，这里使用晶振 12 MHz，大致延时长度如下 T=tx2+5 μs */
void DelayUs2x(unsigned char t)
{
   while(--t);
}


/*----ms 延时函数，使用晶振 12 MHz，延时约 1ms */
void DelayMs(unsigned int t)
{
   while(t--)
   {
     DelayUs2x(245);
     DelayUs2x(245);
   }
}
/*--------- 显示函数，用于动态扫描数码管---------*/
void Display()
{
   unsigned char i,j;
   pa=0xff;                        //位锁
   j=0xfe;
   for(i=0;i<6;i++)
   {
       pb=dofly_DuanMa[TempData[i]];    //输出段选码
       pa=j;                        //输出位选码
       DelayMs(2);
       pa=0xff;
       j=(j<<1)+1;
   }
}
```

实验结果

全速运行程序后，数码管上显示不断加大或减小的数字量，用万用表测试 D/A 输出孔 AOUT 应也能测出不断加大或减小的电压值。

思考题

若希望产生锯齿波，程序应如何修改？

3.10 UART 通信实验

实验目的

(1) 熟悉 UART 通信原理。
(2) 掌握利用 51 单片机进行 UART 通信的基本方法。

实验内容

实现双机通信，要求发送采用程序查询方式，接收采用程序中断方式，发送方按下数字键时，接收方在数码管上应显示相应的数字，按其他功能键不响应。

实验基础知识

双机串行通信，在通信距离很近时，可以直接采用 TTL 电平连接；在通信距离较远时，可以采用 RS-232 连接（通信距离最远为 15 m），这时需要进行电平的转换。

串行通信的方式可以为程序查询方式或程序中断方式。

键盘与显示器采用 8255A 扩展接口，电路参见图 3-12。

8255A 的端口地址由 nCS、A0、A1 的接线确定，本实验假定端口地址分别为：

PA 口　　0FF20H　　　键盘扫描输出/显示字选控制口；

PB 口　　0FF21H　　　显示段选码输出口；

PC 口　　0FF22H　　　键盘扫描输入口；

控制口　　0FF23H

若不符合，请修改参考程序中的端口地址。

实验电路

实验电路如图 3-20 所示。

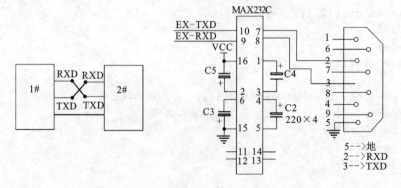

图 3-20　实验电路

参考程序流程图

参考程序流程图如图 3-21 所示。

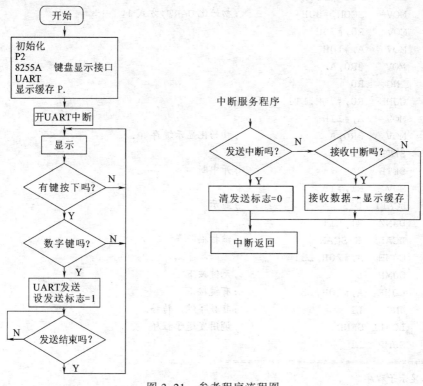

图 3-21　参考程序流程图

参考汇编语言程序

```
        ORG   0000H
        LJMP  START
        ORG   0023H
YRXD:   JBC   TI,YRXD1
        JBC   RI,YRXD2
        RETI
YRXD1:  CLR   P1.0              ;发送中断, 清发送标志
        RETI
YRXD2:  MOV   A,SBUF            ;接收中断
        MOV   R0,#7EH
        MOV   @R0,A
        RETI
        ORG   00D0H
START:  MOV   P2,#0FFH          ;初始化 P2
        MOV   A,#89H
        MOV   DPTR,#0FF23H
        MOVX  @DPTR,A           ;初始化 8255A　键盘显示接口
        MOV   TMOD,#20H
        MOV   TL1,#0FDH         ;F=11.0592,BPS=9600
```

```
          MOV    TH1,#0FDH
          SETB   TR1
          MOV    PCON,#80H
          MOV    SCON,#50H        ;初始化 UART,方式 1,
L0:       MOV    R0,#79H
          MOV    A,#10H
LT1:      MOV    @R0,A
          INC    R0
          CJNE   R0,#7EH,LT1
          MOV    A,#11H
          MOV    @R0,A            ;初始化显示缓存 P.
          SETB   ES
          SETB   EA               ;开中断
L1:       MOV    R1,#15
L11:      LCALL  DIS              ;显示
          DJNZ   R1,L11
          LCALL  K_SCAN           ;键扫描
          CJNE   A,#20H,L31
          SJMP   L1               ;无键按下
131:      CJNE   A,#10H,L3        ;有键按下
L3:       JNC    L1               ;非数字键,转移
          LCALL  SEND             ;调用发送子程序
          SJMP   L1
;===============================
;====显示子程序
;===============================
DIS:      MOV    DPTR,#0FF20H     ;显示子程序
          MOV    A,#0FFH
          MOVX   @DPTR,A
          INC    DPTR
          MOVX   @DPTR,A
          MOV    R0,#7EH          ;显示缓存指针
          MOV    R2,#20H
          MOV    R3,#00H
DIS_1:    MOV    DPTR,#DISTAB
          MOV    A,@R0
          MOVC   A,@A+DPTR        ;取段选码
          MOV    DPTR,#0ff21H
          MOVX   @DPTR,A          ;输出段选码
          MOV    A,R2
          CPL    A
          MOV    DPTR,#0ff20H
          MOVX   @DPTR,A          ;输出位选码
          CPL    A
          DEC    R0
DIS_2:    DJNZ   R3,DIS_2         ;延时
          CLR    C
```

```
        RRC    A
        MOV    R2,A
        JZ     DIS_3
        MOV    A,#0FFH
        MOVX   @DPTR,A              ;关闭显示
        AJMP   DIS_1
DIS_3:  MOV    DPTR,#0ff21H
        MOV    A,#0FFH
        MOVX   @DPTR,A              ;关闭显示
        RET
DISTAB: DB  0C0H,0F9H,0A4H,0B0H,99H,92H,82H,0F8H ;段选码
        DB  80H,90H,88H,83H,0C6H,0A1H,86H,8EH
        DB  0FFH,0CH,89H,7FH,0BFH
;================================
;=====键扫描,取键值
;==== 有键按下,返回键值在 A 中
;==== 无键按下,返回 20H 在 A 中
;================================
K_SCAN: MOV  DPTR,#0FF21H           ;键扫描
        MOV  A,#0FFH
        MOVX @DPTR,A
        MOV  R2,#0FEH               ;初始化键扫描
        MOV  R3,#08H                ;初始化循环指针
        MOV  R0,#00H
K_1:    MOV  A,R2
        MOV  DPTR,#0FF20H
        MOVX @DPTR,A                ;键扫描输出
        RL   A
        MOV  R2,A
        MOV  DPTR,#0FF22H
        MOVX A,@DPTR                ;键扫描输入
        CPL  A
        ANL  A,#0FH
        JNZ  K_GET                  ;有键按下,转移
        INC  R0
        DJNZ R3,K_1
        MOV  A,#20H                 ;无键按下
        RET
K_GET:  CPL  A                      ;取键值
        JB   ACC.0,K_4
        MOV  A,#00H
        SJMP K_5
K_4:    JB   ACC.1,K_8
        MOV  A,#08H
        SJMP K_5
```

```
K_8:    JB   ACC.2,K_9
        MOV  A,#10H
        SJMP K_5
K_9:    JB   ACC.3,K_7
        MOV  A,#18H
K_5:    ADD  A,R0
        CJNE A,#10H,K_6
K_6:    JNC  K_7
        MOV  DPTR,#KEYTAB
        MOVC A,@A+DPTR
K_7:    RET
KEYTAB: DB   07H,04H,08H,05H,09H,06H,0AH,0BH
        DB   01H,00H,02H,0FH,03H,0EH,0CH,0DH
;===============================
;====发送子程序
;===============================
SEND:   SETB P1.0              ;设置发送指示
        MOV SBUF,A
YTXD1:  JNB P1.0,YTXD1         ;等待发送结果
        RET
        END
```

参考 C 语言程序

```c
#include<reg52.h>                //包含特殊功能寄存器定义的头文件
#include"DIS8255.h"
#define con XBYTE[0xff23]    //8255A 的控制口
#define pa XBYTE[0xff20]     //8255A 的 PA 口   键盘扫描输出/显示字选控制口
#define pb XBYTE[0xff21]     //8255A 的 PB 口   显示段选码输出口
#define pc XBYTE[0xff22]     //8255A 的 PC 口   键盘扫描输入口
unsigned char code dofly_DuanMa[]={0xc0,0xf9,0xa4,0xb0,0x99,0x92,0x82,0xf8,
0x80, 0x90, 0x88,0x83,0xc6,0xa1,0x86,0x8e,0xff,0x0c,0x89,0x7f,0xbf};
//显示段码值 0~F
unsigned char TempData[]={0x10,0x10,0x10,0x10,0x10,0x11};        //显示缓存
unsigned char KEYTAB[]={0x07,0x04,0x08,0x05,0x09,0x06,0x0A,0x0B,0x01,0x00,
0x02, 0x0F,0x03,0x0E,0x0C,0x0D};
sbit LED1=P1^0;
void Display(unsigned char t);
void DelayUs2x(unsigned char t);    //μs 级延时
void DelayMs(unsigned int t);       //ms 级延时
void int_0 (void);                  //定时器 0 中断
void UART_SER (void);               //UART 中断
/*----------------主函数----------------------*/
void main(void)
{
    unsigned char i;
```

```
    con=0x89;               //初始化 8255A
    TMOD=0x21;
    TL1=0x0e8;              //时钟频率=12,波特率=1 200
    TH1=0x0e8;
    PCON=0x80;
    SCON=0x58;             //初始化 UART,方式 1
    ET1=0;
    TR1=1;                 //启动定时器 1,作为波特率发生器
    ES=1;                 //开 UART 中断
    EA=1;                 //开中断
    LED1=0;
    while(1)
    {
        i=15;
        while (i--)
        {
            Display();
        }
        i=KeyScan(); //取键值
        if(i<0x10)   //
        {
            LED1=1;
            SBUF=i;
            while(LED1==1)
            {
            }
        }
    }
}
/*--------- 显示函数,用于动态扫描数码管---------*/
void Display()
{
    unsigned char i,j;
    pa=0xff;                            //位锁
    j=0xfe;
    for(i=0;i<6;i++)
    {
        pb=dofly_DuanMa[TempData[i]];   //输出段选码
        pa=j;                           //输出位选码
        DelayMs(2);
        pa=0xff;
        j=(j<<1)+1;
    }
}
/*------按键扫描函数,返回键位值-------------*/
```

```c
unsigned char KeyScan(void)        //键盘扫描函数，使用行列逐级扫描法
{
  unsigned char i,j,k;
  pb=0xff;                //关闭显示
  pa=0x00;                //拉低
  i=pc&0x0f;
  if(i!=0x0f)             //表示有按键按下
  {
    DelayMs(20);         //去抖
    j=pc&0x0f;
    if(j==i)
    {                    //表示有按键按下
      k=0xfe;            //检测第一行
      for(i=0;i<8;i++)
      {
        pa=k;
        j=pc&0x0f;
        switch(j)
        {
          case 0xe:k=0+i;goto key_1;break;
          case 0xd:k=0x8+i;goto key_1;break;
          case 0xb:k=0x10+i;goto key_1;break;
          case 0x7:k=0x18+i;goto key_1;break;
        }
        k=(k<<1)+1;
      }
key_1:  if(k<0x10)
      {
        k=KEYTAB[k];
      }
    }
  }
  else  k=0x20;
  return k;
}
/*----μs 延时函数，这里使用晶振 12 MHz，大致延时长度如下 T=tx2+5 μs -----*/
void DelayUs2x(unsigned char t)
{
  while(--t);
}
/*----ms 延时函数，含有输入参数 unsigned char t，无返回值，使用晶振 12 MHz----*/
void DelayMs(unsigned int t)
{
  while(t--)                        //延时约 1ms
  {
```

```
        DelayUs2x(245);
        DelayUs2x(245);
    }
}
void UART_SER (void) interrupt  4   //UART 中断
{
    if(RI)                          //判断是接收中断产生
    {
        RI=0;                       //标志位清零
        TempData[5]=SBUF;           //读入缓冲区的值
    }
    if(TI)                          //如果是发送标志位，清零
    {
        TI=0;
        LED1=0;
    }
}
```

实验结果

全速运行程序后，数码管上显示 P.。按下数字键，应该能够在对方机器上显示相应数字。

思考题

如果发送程序也采用程序中断方式，程序应如何修改？

第4章 应用接口实验

本章介绍了 51 单片机的一些应用接口实验，包括：组合逻辑控制、工业顺序控制、IIC 存储卡的应用、LED 点阵显示接口、LCD 液晶显示接口、直流电动机调速、步进电动机控制和 ID 卡读卡器接口等实验。本章的实验需要使用硬件仿真器，需要在 Keil µVision4 集成开发环境下选择相应的仿真器来进行仿真调试。通过本章的实验使学生进一步掌握 51 单片机应用接口的设计方法。

4.1 组合逻辑控制一（逻辑运算实现法）

实验目的

掌握应用逻辑运算实现组合逻辑控制的基本方法。

实验内容

要求三个开关控制一盏灯，任一开关状态的改变，均能改变灯的状态。设 K1、K2、K3 为三个开关，分别从 P1.1、P1.2、P1.3 接入；L1 为灯，从 P3.0 口输出。

实验基础知识

应用逻辑运算实现逻辑控制的基本思想类似逻辑电路的设计，首先根据输入/输出的关系列出真值表；然后根据真值表列出逻辑表达式，进行化简。应用程序主要由三部分组成：首先读取输入状态；再用逻辑运算实现逻辑表达式；最后输出结果。

本实验灯亮的条件为：

/P1.1 * /P1.2 * P1.3 + /P1.1*P1.2*/P1.3 + P1.1 * /P1.2 * /P1.3 + P1.1 * P1.2 * P1.3

实验电路

实验电路如图 4-1 所示。

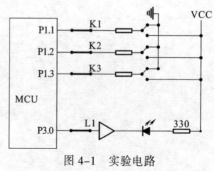

图 4-1 实验电路

参考程序流程图

参考程序流程图如图 4-2 所示。

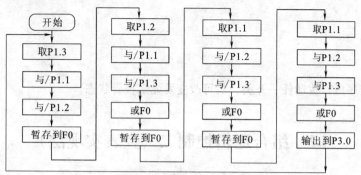

图 4-2　参考程序流程图

参考汇编语言程序

```
        ORG   0000H
        LJMP  STAR
        ORG   0030H
STAR:MOV  C, P1.3
        ANL   C,/P1.1
        ANL   C,/P1.2
        MOV   F0,C
        MOV   C,P1.2
        ANL   C,/P1.1
        ANL   C,/P1.3
        ORL   C,F0
        MOV   F0,C
        MOV   C,P1.1
        ANL   C,/P1.2
        ANL   C,/P1.3
        ORL   C,F0
        MOV   F0,C
        MOV   C,P1.1
        ANL   C,P1.2
        ANL   C,P1.3
        ORL   C,F0
        MOV   P3.0,C
        SJMP  STAR
        END
```

参考 C 语言程序

```c
#include<reg51.h>              //包含特殊功能寄存器定义的头文件
void Delay(unsigned int t);    //函数声明
sbit K1=P1^1;                  //开关 K1
sbit K2=P1^2;                  //开关 K2
sbit K3=P1^3;                  //开关 K3
sbit LED=P3^0;                 //灯

/*----------主函数----------*/
void main (void)
{
```

```
while(1)
{
    LED= ((~K1)&(~K2)& K3)|((~K1)&K2&(~K3))|(K1&(~K2)&(~K3))|(K1&K2&K3);

}
}
```

实验结果

全速运行程序后，拨动任一开关，均可改变发光二极管状态。

4.2 组合逻辑控制二（查表实现法）

实验目的

掌握查表程序实现组合逻辑控制的基本方法。

实验内容

设 P0 口接输入开关，P1 口输出控制 LED，输入与输出的对应关系如表 4-1 所示。

表 4-1 组合逻辑关系

P0	P1	P0	P1
FEH	EFH	DFH	9DH
FDH	DFH	BFH	ABH
FBH	AEH	7FH	9BH
F7H	9EH	其他	FFH
EFH	ADH		

实验基础知识

我们可以将输入/输出的关系列表，通过查表程序来查找某输入状态，查到后，将对应的输出字输出；若查不到，则表明不是规定的输入状态，作相应处理。

实验电路

实验电路如图 4-3 所示。

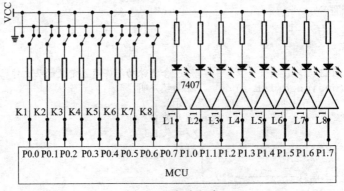

图 4-3 实验电路

参考程序流程图

参考程序流程图如图 4-4 所示。

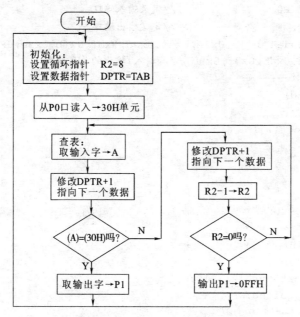

图 4-4　参考程序流程图

参考汇编语言程序

```
        ORG   0000H
        LJMP  STAR
        ORG   0030H
STAR:   MOV   R2,#08H
        MOV   DPTR,#TAB
        MOV   P0,#0FFH
        MOV   A,P0
        MOV   30H,A
LOP:    CLR   A
        MOVC  A,@A+DPTR
        INC   DPTR
        CJNE  A,30H,LNF1
        CLR   A
        MOVC  A,@A+DPTR
        MOV   P1,A
        SJMP  STAR
LNF1:   INC   DPTR
        DJNZ  R2,LOP
        MOV   P1,#0FFH
        SJMP  STAR
TAB:    DB    0FEH,0EFH,0EDH,0DFH,0FBH,0AEH,0F7H,9EH
        DB    0EFH,0ADH,0DFH,9DH,0BFH,0ABH,7FH,9BH
        END
```

参考 C 语言程序

```
#include<reg51.h>              //包含特殊功能寄存器定义的头文件
#define inPort P0              //定义输入端口
#define outPort P1             //定义输出端口
unsigned char code tab[]={0xfe,0xef,0xed,0xdf,0xfb,0xae,0xf7,0x9e,0xef,0xad,
0xdf,0x9d,0xbf,0xab,0x7f,0x9b};// 输入/输出的关系列表
/*---------主函数----------*/
void main (void)
{
   unsigned char i,j;
tuichu:
   while(1)
   {
     j=inPort;
     for(i=0;i<8;i++)
     {
       if(j==tab[2*i])
       {
         outPort= tab[2*i+1];
         goto tuichu;
       }
     }
     outPort=0xff;
   }
}
```

实验结果

全速运行程序后，拨动开关，当开关状态满足输入/输出关系表中某一条时，输出发光二极管为相应的输出状态。

思考题

（1）与逻辑运算实现法相比，查表实现法有何特点？

（2）要改变输入与输出的逻辑关系，应如何修改程序？

4.3 工业顺序控制一（程序控制法）

实验目的

掌握工业顺序控制程序的简单编程及中断的使用。

实验内容

由 P1.0～P1.6 控制注塑机的 7 道工序，模拟控制 7 只发光二极管的点亮，低电平有效，设定每道工序时间转换为延时时间，P3.4 为开工启动开关，高电平启动。P3.3 为外部故障输入模拟开关，低电平报警，P1.7 为报警声音输出，设定第 6 道工序只有 1 位输出，第 7 道工序 3 位有输出。

实验基础知识

在工业控制中,像冲压、注塑、轻纺、制瓶等生产过程,都是一些连续生产过程,按某种顺序有规律地完成预定的动作,这类连续生产过程的控制称为顺序控制,像注塑机工艺过程大致按"合模→注射→延时→开模→产伸→产退"顺序动作,用单片机最易实现。

实验电路

实验电路如图 4-5 所示。

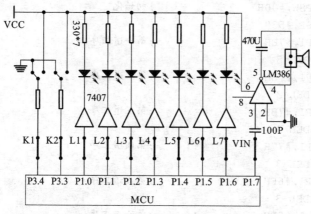

图 4-5　实验电路

参考程序流程图

参考程序流程图如图 4-6 所示。

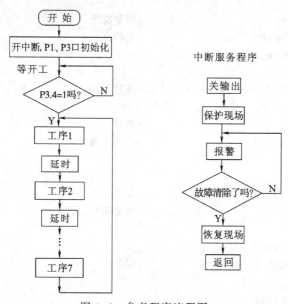

图 4-6　参考程序流程图

参考汇编语言程序

```
ORG 0000H
LJMP    STAR
```

```
                ORG     0013H
                LJMP    INT_0
                ORG     0030H
        STAR:   MOV     P1,#7FH
                ORL     P3,#00H
                JNB     P3.4,$              ;开工吗?
                ORL     IE,#84H
                ORL     IP,#04H
                MOV     PSW,#00H            ;初始化
                MOV     SP,#53H
        RUN:    MOV     P1,#7EH             ;第一道工序
                ACALL   DEL_3
                MOV     P1,#7DH             ;第二道工序
                ACALL   DEL_3
                MOV     P1,#7BH             ;第三道工序
                ACALL   DEL_3
                MOV     P1,#77H             ;第四道工序
                ACALL   DEL_3
                MOV     P1,#6FH             ;第五道工序
                ACALL   DEL_3
                MOV     P1,#5FH             ;第六道工序
                ACALL   DEL_3
                MOV     P1,#0FH             ;第七道工序
                ACALL   DEL_3
                SJMP    RUN
        INT_0:  MOV     B,R2                ;保护现场
        INT_1:  MOV     P1,#7FH             ;关输出
                MOV     20H,#0A0H
        INT_2:  SETB    P1.7
                ACALL   DEL_2               ;延时
                CLR     P1.7
                ACALL   DEL_2               ;延时
                DJNZ    20H,INT_2           ;不为0转
                CLR     P1.7
                ACALL   DEL_2
                JNB     P3.3,INT_1          ;故障清除吗
                MOV     R2,B                ;恢复现场
                RETI
        DEL_1:  MOV     R2,#10H
                ACALL   DELY                ;延时1
                RET
        DEL_2:  MOV     R2,#06H
                ACALL   DELY                ;延时2
                RET
        DEL_3:  MOV     R2,#30H
                ACALL   DELY                ;延时3
                RET
```

```
;=======延时==========
DELY:PUSH    02H
DEL2:PUSH    02H
DEL3:PUSH    02H              ;延时
DEL4:DJNZ    R2,DEL4
     POP     02H
     DJNZ    R2,DEL3
     POP     02H
     DJNZ    R2,DEL2
     POP     02H
     DJNZ    R2,DELY
     RET
     END
```

参考 C 语言程序

```c
#include<reg51.h>            //包含特殊功能寄存器定义的头文件
void DelayUs2x(unsigned char t);
void DelayMs(unsigned int t);
#define inPort P3            //定义输入端口
#define outPort P1           //定义输出端口
sbit k1=P3^4;                //开关 K1
sbit k2=P3^3;                //开关 K2
sbit voice=P1^7;             //报警
/*----------主函数----------*/
void main (void)
{
   while(1)
   {
     outPort=0x7f;           //初始化 P1
     inPort=0xff;            //初始化 P3
     while(k1==1)            //开工
     {
        IE=0x84;             //开中断
        IP=0x04;
        PSW=0;
        SP=0x53;
        while(1)
        {
          outPort=0x7e;      //第 1 道工序
          DelayMs(1000);     //延时
          outPort=0x7d;      //第 2 道工序
          DelayMs(1000);     //延时
          outPort=0x7b;      //第 3 道工序
          DelayMs(1000);     //延时
          outPort=0x77;      //第 4 道工序
          DelayMs(1000);     //延时
          outPort=0x6f;      //第 5 道工序
```

```
            DelayMs(1000);        //延时
            outPort=0x5f;         //第6道工序
            DelayMs(1000);        //延时
            outPort=0x0f;         //第7道工序
            DelayMs(1000);        //延时
        }
    }
  }
}
/*-----μs 延时函数, 使用晶振 12 MHz, 延时时间如下 T=tx2+5 μs */
void DelayUs2x(unsigned char t)
{
   while(--t);
}

/*------ms 延时函数, 使用晶振 12 MHz, 延时约 1ms */
void DelayMs(unsigned int t)
{
   while(t--)
   {
     DelayUs2x(245);
     DelayUs2x(245);
   }
}
/*----------外部中断 1 程序--------------*/
void ISR_INT1(void) interrupt 2
{
    unsigned char i=160;
    outPort=0x7f;              //关输出
    while(--i)
    {
      voice=1;
      DelayMs(6);              //延时
      voice=0;
      DelayMs(6);              //延时
    }
}
```

实验结果

全速运行程序后, 把 K1 接到低电平, 观察发光二极管点亮情况, 确定工序执行是否正常, 然后把 K2 置为低电平, 看是否有声音报警, 恢复 K2 为高电平, 报警停, 从刚才中断的程序继续执行。可用单步、单步跟踪、非全速断点、全速断点, 连续执行等功能调试软件, 直到符合自己程序设计要求为止。

思考题

如何修改程序, 使每道工序中有多位输出。

4.4 工业顺序控制二（查表控制法）

实验目的

掌握查表法实现工业顺序控制的基本方法。

实验内容

设计一个系统，实现多段延时输出。

实验基础知识

可以建立一个表，顺序存放定时参数 TH0、TL0。将定时计数器 0 设定为方式 1 计数器工作状态，计数常数由表内数据提供。硬件上外接秒脉冲源，每秒计数器加 1，计满则申请中断。

实验电路

实验电路如图 4-7 所示。

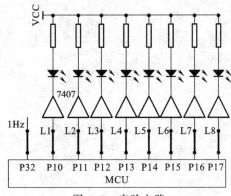

图 4-7 实验电路

参考程序流程图

参考程序流程图如图 4-8 所示。

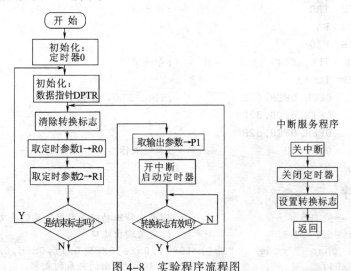

图 4-8 实验程序流程图

参考汇编语言程序

```
        ORG   0000H
        AJMP  STAR
        ORG   000BH
INT_0:  CLR   EA                      ;中断服务
        CLR   ET0
        CLR   TR0
        SETB  7FH                     ;设置转换标志
        RETI
        ORG   0030H
STAR:   MOV   TMOD,#00000101B
STAR1:  MOV   DPTR,#TAB
LOOP1:  CLR   7FH                     ;清除转换标志
        CLR   A
        MOVC  A,@A+DPTR
        MOV   R0,A
        INC   DPTR
        CLR   A
        MOVC  A,@A+DPTR
        INC   DPTR
LOOP2:  MOV   R1,A
        ADD   A,R0
        JNZ   LOOP3                   ;表查完了吗
        AJMP  STAR1                   ;是
LOOP3:  MOV   TH0,R0
        MOV   TL0,R1
        CLR   A
        MOVC  A,@A+DPTR
        MOV   P1,A
        INC   DPTR
        SETB  TR0                     ;开中断
        SETB  EA
        SETB  ET0
LOOP4:  JNB   7FH,LOOP4               ;等待中断
        AJMP  LOOP1
TAB:    DB    0FFH,0FEH,65H           ;TH0，TL0，控制字
        DB    0FFH,0FDH,32H
        DB    0FFH,0FEH,52H
        DB    00H,00H                 ;表结束标志
        END
```

参考 C 语言程序

```
#include<reg51.h>                 //包含特殊功能寄存器定义的头文件
#define outPort P1                //定义输出端口
unsigned  char  code  tab[]={0xff,0xfe,0x65,0xff,0xfd,0x32,0xff,0xfe,
0x52,0x0,0x0};                    // 输入/输出的关系列表
```

```
bit zhbz=0x0;
/*--------主函数----------*/
void main (void)
{
    unsigned char i;
    TMOD=0x05;                      //初始化定时器 0
    while(1)
    {
        for(i=0;(tab[i]+tab[i+1])!=0;i=i+3)
        {
            zhbz=0;
            TH0=tab[i];
            TL0=tab[i+1];
            outPort=tab[i+2];
            TR0=1;
            EA=1;
            ET0=1;                  //开中断
            while(zhbz==0)          //等待中断
            {
            }
        }
    }
}
/*--------定时器中断子程序--------------*/
void Timer0_isr(void) interrupt 1
{
    EA=0;                           //关中断
    ET0=0;
    TR0=0;
    zhbz=1;                         //设置转换标志
}
```

实验结果

全速运行程序后，初始态输出显示为 65H；按 2 次开关（模拟 2 s 脉冲），输出显示转换为 32H；再按 3 次开关（模拟 3 s 脉冲），输出显示转换为 52H；再按 2 次开关（模拟 2 s 脉冲），输出显示转换为 65H。

思考题

如何修改每道工序中的延时值和输出状态？

4.5 IIC 存储卡读/写实验

实验目的

(1) 熟悉 IIC 存储卡的工作原理及 IIC 总线结构。

(2) 利用单片机的 I/O 口线 P3.0、P3.1 产生 IIC 总线 SCL、SDA。

实验内容

以 AT24C01A 卡为例，根据 AT24C01A 卡的读/写时序编写读/写卡的程序，把写入 IC 卡的数据读到系统内存 4000H～407EH 单元中。

实验基础知识

（1）AT24C01A 卡是一种 EEPROM 存储卡，容量为 128×8 bit，采用 IIC 总线结构，其卡的结构及引脚排列，如图 4-9 所示。

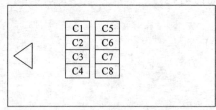

图 4-9　AT24C01A 卡结构及引脚排列

（2）操作状态开始和停止的定义，如图 4-10 所示。

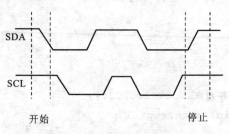

图 4-10　开始和停止的时序定义

（3）数据的有效性关系，如图 4-11 所示。

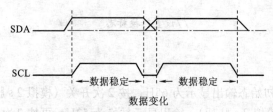

图 4-11　数据的有效性关系

（4）数据传送确认，如图 4-12 所示。

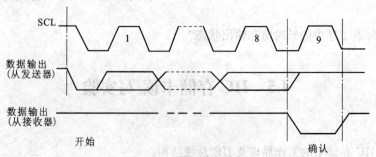

图 4-12　数据传送确认

（5）写操作，如图 4-13 所示。

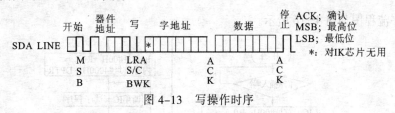

图 4-13　写操作时序

（6）读操作，如图 4-14 所示。

图 4-14　读操作时序

显示器采用 8255A 扩展接口，电路参见 3.6 8255A 键盘与显示器接口实验。

8255A 的端口地址由 nCS、A0、A1 的接线确定，本实验假定端口地址分别为：

PA 口　　0FF20H　　　显示字选控制口；

PB 口　　0FF21H　　　显示段选码输出口；

PC 口　　0FF22H　　　键盘扫描输入口；

控制口　　0FF23H

若不符合，请修改参考程序中的端口地址。

实验电路

实验电路如图 4-15 所示。

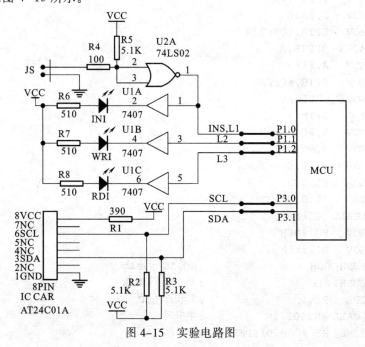

图 4-15　实验电路图

参考程序流程

参考程序流程图如图 4-16 所示。

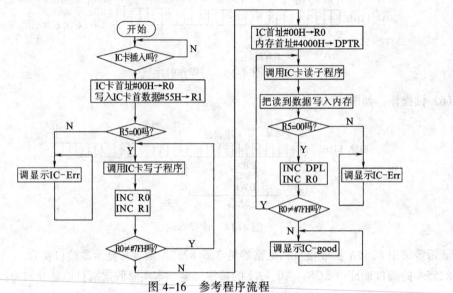

图 4-16　参考程序流程

参考汇编语言程序

```
        ORG    0000H
        SCL    EQU    0B0H            ;IC2401,时钟信号
        SDA    EQU    0B1H            ;IC2401,数据信号
    ;----------------------------------------------------------------
START:  MOV    SP,#53H
        MOV    P2,#0FFH
        MOV    A,#81H
        MOV    DPTR,#0FF23H
        MOVX   @DPTR,A
        MOV    A,#1FH
        MOV    DPTR,#0FF20H
        MOVX   @DPTR,A
        INC    DPTR
        MOV    A,#0CEH
        MOVX   @DPTR,A
        JB     P1.0,$
        LCALL  DL10MS
        JB     P1.0,START
        LCALL  DL10MS
        MOV    R0,#00H
        MOV    R1,#55H
CONW1:  PUSH   00H                     ;R0,IC 卡地址
        PUSH   01H                     ;R1,IC 卡数据
        CPL    P1.1                    ;写指示 LED
        LCALL  WR2401_1W               ;字节写
        CJNE   R5,#00H,DISPERR
```

```
        POP     01H
        POP     00H
        INC     R0
        INC     R1
        CJNE    R0,#7FH,CONW1
        SETB    P1.1
        MOV     R0,#00H                 ;R0,IC 卡地址
        MOV     DPTR,#4000H             ;[4000H----407FH]=55,56,57,...
CONR1:  PUSH    00H
        CPL     P1.2                    ;读指示 LED
        LCALL   RD2401_1W
        CJNE    R5,#00H,DISPERR
        POP     00H
        MOVX    @DPTR,A
        INC     DPL
        INC     R0
        CJNE    R0,#7FH,CONR1
        SETB    P1.2
CONDISP:LCALL   DISP
        SJMP    CONDISP
DISPERR:LCALL   DISP1
        SJMP    DISPERR
DISP1:  MOV     7EH,#01H
        MOV     7DH,#0CH
        MOV     7CH,#10H
        MOV     7BH,#0EH
        MOV     7AH,#14H
        MOV     79H,#14H
        AJMP    DISP2
DL10MS: MOV     R7,#14H
DL0:    MOV     R6,#0FFH
        DJNZ    R6,$
        DJNZ    R7,DL0
        RET
DISP:   MOV     7EH,#01H
        MOV     7DH,#0CH
        MOV     7CH,#09H
        MOV     7BH,#00H
        MOV     7AH,#00H
        MOV     79H,#0DH
DISP2:  MOV     R0,#7EH
        MOV     R2,#20H
        MOV     R3,#00H
        MOV     DPTR,#TAB
LS2:    MOV     A,@R0
```

```
            MOVC A,@A+DPTR
            MOV  R1,#21H
            MOVX @R1,A
            MOV  A,R2
            DEC  R1
            CPL  A
            MOVX @R1,A
            CPL  A
            DEC  R0
            DJNZ R3,$
            CLR  C
            RRC  A
            MOV  R2,A
            JNZ  LS2
            INC  R1
            MOV  A,#0FFH
            MOVX @R1,A
            RET
TAB:DB      0C0H,0F9H,0A4H,0B0H,99H,92H,82H,0F8H,80H,90H
    DB      88H,83H,0C6H,0A1H,86H,8EH,0FFH,0CH,0DEH,0F3H,8FH
    ;------------------------------------------------------
WR2401_1W:  LCALL C_A2401               ;写地址
            CJNE  R5,#00H,WR2401_ERROR
            MOV   A,R1                   ;写数据
            MOV   R5,#08H
WR2401_BIT: CLR   SCL
            RLC   A
            JNC   CLR_SDA
            SETB  SDA
            SJMP  WR_NEXT_BIT
CLR_SDA:    CLR   SDA
WR_NEXT_BIT:LCALL DY
            SETB  SCL
            LCALL DY
            DJNZ  R5,WR2401_BIT
            CLR   SCL
            LCALL DY
            SETB  SCL
            LCALL DY
            JB    SDA,WR2401_ERROR
            LCALL STOP2401
            LCALL DY
            LCALL DY
            MOV   R5,#00H
            RET
```

```
WR2401_ERROR:MOV    R5,#5AH
              RET
    ;-----------------------------------------------------
DY:           MOV    R7,#70H
              DJNZ   R7,$
              RET
START2401:    SETB   SDA
              LCALL  DY
              SETB   SCL
              LCALL  DY
              CLR    SDA
              LCALL  DY
              CLR    SCL
              LCALL  DY
              RET
STOP2401:     CLR    SCL
              LCALL  DY
              CLR    SDA
              LCALL  DY
              SETB   SCL
              LCALL  DY
              SETB   SDA
              LCALL  DY
              RET
    ;-----------------------------------------------------
C_A2401:      LCALL  STOP2401
              LCALL  DY
              LCALL  START2401
              MOV    A,#0A0H
              MOV    R5,#08H
CONT2401:     CLR    SCL
              RLC    A
              JNC    CA_CLR_SDA
              SETB   SDA
              SJMP   CA_CONT_NEXT
CA_CLR_SDA:   CLR    SDA
CA_CONT_NEXT:LCALL   DY
              SETB   SCL
              LCALL  DY
              DJNZ   R5,CONT2401
              CLR    SCL
              LCALL  DY
              SETB   SCL
              LCALL  DY
              JB     SDA,C_A_ERROR
```

```
                        MOV     R5,#08H
                        MOV     A,R0
        ADDR2401:       CLR     SCL
                        RLC     A
                        JNC     AD_CLR_SDA
                        SETB    SDA
                        SJMP    AD_CONT_NEXT
        AD_CLR_SDA:     CLR     SDA
        AD_CONT_NEXT:   LCALL   DY
                        SETB    SCL
                        LCALL   DY
                        DJNZ    R5,ADDR2401
                        CLR     SCL
                        LCALL   DY
                        SETB    SCL
                        LCALL   DY
                        JB      SDA,C_A_ERROR
                        LCALL   DY
                        CLR     SCL
                        LCALL   DY
                        MOV     R5,#00H
                        RET
        C_A_ERROR:      MOV     R5,#5AH
                        RET

          ;---------------------------  ---------------------------
        RD2401_1W:
                        LCALL   C_A2401
                        CJNE    R5,#00H,RD2401_ERROR
                        LCALL   START2401
                        MOV     R5,#08H
                        MOV     A,#0A1H
        RD_CONT2401:    CLR     SCL
                        RLC     A
                        JNC     RD24_CLR_SDA
                        SETB    SDA
                        SJMP    RD_CONT2401_NEXT
        RD24_CLR_SDA:   CLR     SDA
        RD_CONT2401_NEXT:LCALL  DY
                        SETB    SCL
                        LCALL   DY
                        DJNZ    R5,RD_CONT2401
                        CLR     SCL
                        LCALL   DY
                        SETB    SCL
                        JNB     SDA,RD_CONT_OK
```

```
                LCALL  STOP2401
                SJMP   RD2401_ERROR
RD_CONT_OK:
                CLR    SCL
                MOV    R5,#08H
                CLR    A
RD24_BIT:       SETB   SCL
                LCALL  DY
                JNB    SDA,RD24_0_DATA
                SETB   C
                SJMP   RD24_NEXT_BIT
RD24_0_DATA:    CLR    C
RD24_NEXT_BIT:  CLR    SCL
                LCALL  DY
                RLC    A
                DJNZ   R5,RD24_BIT
                SETB   SCL
                LCALL  DY
                CLR    SCL
                LCALL  DY
                LCALL  STOP2401
                MOV    R5,#00H
                RET
RD2401_ERROR:   MOV    R5,#5AH
                RET
                END
```

参考 C 语言程序

```c
#include "reg51.h"           //包含特殊功能寄存器定义的头文件
#include<absacc.h>           //包含绝对地址访问的头文件
#include <intrins.h>
#define SomeNOP(); {_nop_();_nop_();_nop_();_nop_();_nop_();}   //定义空指令
sbit SDA = P3^1;             //模拟 I2C 数据传输位
sbit SCL = P3^0;             //模拟 I2C 时钟控制位
sbit INS = P1^0;
sbit WRI = P1^1;
sbit RDI = P1^2;
bit I2C_Ack;                 //应答标志位
#define con XBYTE[0xff23]    //8255A 的控制口
#define pa XBYTE[0xff20]     //8255A 的 PA 口    显示字选控制口
#define pb XBYTE[0xff21]     //8255A 的 PB 口    显示段选码输出口
#define pc XBYTE[0xff22]     //8255A 的 PC 口    键盘扫描输入口
#define ICdata XBYTE[0x4000]
unsigned char code dofly_DuanMa[]={0xc0,0xf9,0xa4,0xb0,0x99,0x92,0x82,
0xf8,0x80,    0x90,0x88,0x83,0xc6,0xa1,0x86,0x8e,0xff,0x0c,0x89,0x7f,0xbf,
```

```
    0xff,0x8f}; //显示段码值 0~F
    unsigned char TempData[]={0x10,0x10,0x10,0x10,0x10,0x11};  //显示缓存
    void I2C_Start();
    void I2C_Stop();
    bit I2C_CheckAck(void);
    void I2C_SendB(unsigned char c);
    unsigned char I2C_RcvB();
    void I2C_Ackn(bit a);
    bit I2C_ISendB(unsigned char sla, unsigned char suba, unsigned char c);
    bit I2C_IRcvB(unsigned char sla, unsigned char suba, unsigned char *c);
    void DelayUs2x(unsigned char t);                    //μs 级延时
    void DelayMs(unsigned char t);                      //ms 级延时
    void Display();                                     //数码管显示函数
    /*--------------主函数----------------------*/
    void main (void)
    {
        unsigned char i;
        con=0x81;
        pa=0x1f;
        pb=0xce;
        while(INS==1)
        {
        }
        DelayMs(10);
        while(INS!=1)
        {
            WRI=0;                                      //写显示
            RDI=1;
            for(i=0;i<0x80;i++)
            {
                while(I2C_ISendB(0xa0, i, i+0x55)==0)       //写卡
                {
                    TempData[0]=0x1;
                    TempData[1]=0x0;
                    TempData[2]=0x0e;
                    TempData[3]=0x10;
                    TempData[4]=0x0c;
                    TempData[5]=0x01;
                    Display();
                }
            }
            WRI=1;
            RDI=0;                                      //读显示
            for(i=0;i<0x80;i++)
            {
```

```
        while(I2C_IRcvB(0xa0, i, &ICdata+i)==0)    //读卡
        {
            TempData[0]=0x2;
            TempData[1]=0x0;
            TempData[2]=0x0e;
            TempData[3]=0x10;
            TempData[4]=0x0c;
            TempData[5]=0x01;
            Display();
        }
    }
    WRI=0;
    RDI=0;
    for(i=0;i<0x80;i++)
    {
        while((ICdata+i)!=(i+0x55))                 //检验
        {
            TempData[0]=0x3;
            TempData[1]=0x0;
            TempData[2]=0x0e;
            TempData[3]=0x10;
            TempData[4]=0x0c;
            TempData[5]=0x01;
            Display();
        }
    }
    while(1)
    {
        TempData[0]=0xd;
        TempData[1]=0x0;
        TempData[2]=0x0;
        TempData[3]=0x9;
        TempData[4]=0xc;
        TempData[5]=0x1;
        Display();
    }
  }
}
/************************* I2C_Start *************************
函数名:void I2C_Start()
功能描述:启动 I2C 总线,即发送 I2C 初始条件
***********************************************************/
void I2C_Start()
{
  SDA = 1;                                    //发送起始条件的数据信号
```

```
    _nop_();
    SCL = 1;
    SomeNOP();      //起始条件建立时间大于 4.7 μs,延时
    SDA = 0;        //发送起始信号
    SomeNOP();      //起始条件建立时间大于 4 μs,延时
    SCL = 0;        //钳住 I2C 总线准备发送或接收数据
    _nop_();
    _nop_();
}
/********************** I2C_Stop ***************************
函数名:void I2C_Stop()
功能描述:结束 I2C 总线,即发送 I2C 结束条件
*********************************************************/
void I2C_Stop()
{
    SDA = 0;        //发送结束条件的数据信号
    _nop_();
    SCL = 1;        //发送结束条件的时钟信号
    SomeNOP();      //结束条件建立时间大于 4 μs,延时 SDA = 1; //发送 I2C 总线结束信号
    SomeNOP();
}
/******************** I2C_CheckAck ***********************
函数名:bit I2C_CheckAck(void)
出口:0(无应答),1(有应答)
功能描述:检验 I2C 总线应答信号,有应答则返回 1,否则返回 0,超时值取 255.
*********************************************************/
bit I2C_CheckAck(void)
{
    unsigned char errtime = 255;     // 因故障接收方无 Ack,超时值为 255
    SDA = 1;        //发送器先释放 SDA
    SomeNOP();
    SCL = 1;
    SomeNOP();      //时钟电平周期大于4 μs
    while(SDA)      //判断 SDA 是否被拉低
    {
        errtime--;
        if(errtime==0)
        {
            I2C_Stop();
            return(0);
        }
    }
    SCL = 0;
    _nop_();
    return(1);
```

```
}
/*********************** I2C_SendB ***发送字节***********************
```

函数名:void I2C_SendB(unsigned char c)

入口:unsigned char 型数据

功能描述:字节数据传送函数,将数据 c 发送出去,可以是地址,也可以是数据,发完后等待应答,并对此状态位进行操作

```
****************************************************************/
void I2C_SendB(unsigned char c)
{
   unsigned char BitCnt;
   for (BitCnt=0; BitCnt<8; BitCnt++)    //要传送的数据长度为 8 位
   {
      if((c<<BitCnt)&0x80)               //判断发送位(从高位起发送)
      {
         SDA = 1;
      }
      else
      {
         SDA = 0;
      }
      _nop_();
      _nop_();
      SCL = 1;                           //置时钟线为高, 通知被控器开始接收数据位
      SomeNOP();                         //保证时钟高电平周期大于 4 µs
      SCL = 0;
   }
   _nop_();
   _nop_();
   SDA=1;                                //8 位发送完后释放数据线,准备接收应答位
   _nop_();
   _nop_();
   SCL=1;
   _nop_();
   _nop_();
   _nop_();
   if(SDA==1)I2C_Ack=0;
      else I2C_Ack=1;                    //判断是否接收到应答信号
   SCL=0;
   _nop_();
   _nop_();
}
/*********************** I2C_RcvB ***接收字节*********
```

函数名:unsigned char I2C_RcvB()

出口:unsigned char 型数据

功能描述：接收从器件传来的数据，并判断总线错误(不发应答信号)，收完后需要调用应答函数．
```
***********************************************************************/
unsigned char I2C_RcvB()
{
    unsigned char retc;
    unsigned char BitCnt;       //位
    retc = 0;
    SDA = 1;                     //置数据总线为输入方式，作为接收方要释放 SDA．
    for(BitCnt=0;BitCnt<8;BitCnt++)
    {
        _nop_();
        SCL = 0;                 //置时钟线为低，准备接收数据位
        SomeNOP();               //时钟低电平周期大于 4.7 μs
        SCL = 1;                 //置时钟线为高，使数据有效
        _nop_();
        _nop_();
        retc = retc<<1;
        if(SDA==1)
        {
            retc = retc + 1;     //读数据位，接收的数据放入 retc 中
        }
        _nop_();_nop_();
    }
    SCL = 0;
    _nop_();
    _nop_();
    return(retc);
}
/******************** I2C_Ackn 主控制器应答*******************************
```
函数名:void I2C_Ackn(bit a)
入口:0 或 1
功能描述：主控制器进行应答信号 (可以是应答或非应答信号)
说明：作为接收方的时候，必须根据当前自己的状态向发送器反馈应答信号
```
***********************************************************************/
void I2C_Ackn(bit a)
{
    if(a==0)                     //在此发送应答或非应答信号
    {
        SDA = 0;
    }
    else
    {
        SDA = 1;
    }
    SomeNOP();
```

```
   SCL = 1;
   SomeNOP();           //时钟电平周期大于 4 μs
   SCL = 0;             //清时钟线钳住 I2C 总线以便继续接收
   _nop_();
   _nop_();
}
/****************** I2C_ISendB 发数据***********************
函数名:bit I2C_ISendB(unsigned char sla,unsigned char suba, unsigned char c)
入口:从器件地址 sla, 子地址 suba, 发送字节 c
出口:0(操作有误), 1(操作成功)
功能描述:从启动总线到发送地址、数据, 结束总线的全过程,
**********************************************************/
bit I2C_ISendB(unsigned char sla, unsigned char suba, unsigned char c)
{
   I2C_Start();         //启动总线
   I2C_SendB(sla);      //发送器件地址
   if(!I2C_Ack)
   {
       return(0);
   }
   I2C_SendB(suba);     //发送器件子地址
   if(!I2C_Ack)
   {
       return(0);
   }
   I2C_SendB(c);        //发送数据
   if(!I2C_Ack)
   {
       return(0);
   }
   I2C_Stop();          //结束总线
   return(1);
}
/************** I2C_IRcvB 从器件读数据*************************
函数名:bit I2C_IRcvB(unsigned char sla, unsigned char suba, unsigned char *c)
入口:从器件地址 sla, 子地址 suba, 收到的数据在 c
出口:1(操作成功), 0(操作有误)
功能描述:从启动总线到发送地址、读数据, 结束总线的全过程
***********************************************************/
bit I2C_IRcvB(unsigned char sla, unsigned char suba, unsigned char *c)
{
   I2C_Start();         //启动总线
   I2C_SendB(sla);
   if(!I2C_Ack)
   {
```

```c
        return(0);
    }
    I2C_SendB(suba);                //发送器件子地址
    if(!I2C_Ack)
    {
        return(0);
    }
    I2C_Start();                    //重复起始条件
    I2C_SendB(sla+1);               //发送读操作的地址
    if(!I2C_Ack)
    {
        return(0);
    }
    *c = I2C_RcvB();                //读取数据
    I2C_Ackn(1);                    //发送非应答位
    I2C_Stop();                     //结束总线
    return(1);
}
/*----μs 延时函数,这里使用晶振 12 MHz,大致延时长度如下 T=tx2+5 μs */
void DelayUs2x(unsigned char t)
{
    while(--t);
}
/*----ms 延时函数,使用晶振 12 MHz,延时约 1 ms */
void DelayMs(unsigned int u)
{
    while(u--)
    {
        DelayUs2x(245);
        DelayUs2x(245);
    }
}
/*--------- 显示函数,用于动态扫描数码管---------*/
void Display()
{
    unsigned char i,j;
    pa=0xff;                        //位锁
    j=0xfe;
    for(i=0;i<6;i++)
    {
        pb=dofly_DuanMa[TempData[i]];   //输出段选码
        pa=j;                       //输出位选码
        DelayMs(2);
        pa=0xff;
        j=(j<<1)+1;
    }
}
```

实验结果

全速运行程序后，如读/写正确实验系统应显示"ICGOOD"，内存 4000H～407EH 单元中应为 55、56、57……d3（H）内容，否则应显示"IC-ERR"。

思考题

如果单片机采用 W79E82X 系列芯片，其内部含有 IIC 接口，请重新设计该实验电路和程序。

4.6 16×16 LED 点阵显示实验

实验目的

（1）了解 16×16 点阵 LED 的基本原理和功能。

（2）掌握 LED 点阵块接口电路的设计及编程。

实验内容

利用取模软件建立标准字库，编制程序实现点阵循环左移显示汉字。

实验基础知识

16×16 点阵 LED 为共阴极显示，由四个 8×8 LED 点阵块组成，根据提供的 I/O 地址、功能，由不同 I/O 口分别提供字形代码送行，列扫描信号送列扫描行，凡字形代码位"1"、列扫描信号"0"，该点点亮，否则熄灭，通过逐列扫描，循环点亮形成字形或曲线。

可以采用 8255A 扩展 I/O 口，采用 8255A 的 PA、PB 输出接口提供列扫描信号；用 8255A 的 PC 口和单片机的 P1 输出接口提供行扫描信号，输出字形代码，完成 16×16 的点阵显示。

注意：程序设计与字模数据的编排密切相关，本实验的参考程序采用的字模数据的编排如下，字模数据可以借助于相关软件提取，如图 4-17 所示。

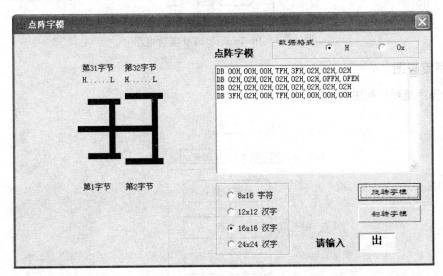

图 4-17 本实验的参考程序采用的字模数据

8255A 的端口地址由 nCS、A0、A1 的接线确定，本实验假定端口地址分别为：

PA 口 0FF28H

PB 口 0FF29H

PC 口 0FF2AH

控制口 0FF2BH

若不符合，请修改参考程序中的端口地址。

实验电路

实验电路如图 4-18 所示。

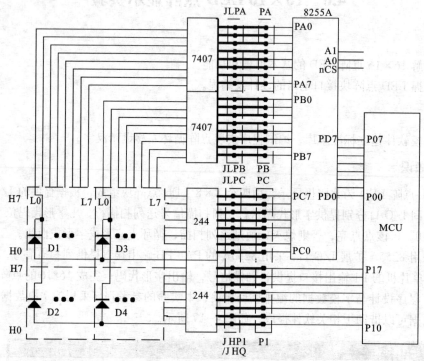

图 4-18 16×16 点阵 LED 实验电路

参考程序流程图

参考程序流程图如图 4-19 所示。

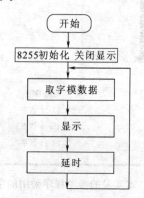

图 4-19 参考程序流程图

参考汇编语言程序

```
            XPA    EQU    0FF28H
            XPB    EQU    0FF29H
            XPC    EQU    0FF2AH
            XPCTL  EQU    0FF2BH
            ORG    0000H
            LJMP   STAR
            ORG    0030H
    STAR:   MOV    DPTR,#XPCTL
            MOV    A,#80H
            MOVX   @DPTR,A              ;8255A 初始化
            LCALL  OFFLED
    X0:     MOV    R0,#00H
    X1:     LCALL  DEL1
            INC    R0
            INC    R0
            CJNE   R0,#00H,X1
            SJMP   X0
            ;---显示---------
    DISPW:  PUSH   00H
            MOV    R1,#01H
            MOV    R4,#08H
    DISP1:  MOV    A,R0
            MOV    DPTR,#TAB
            MOVC   A,@A+DPTR
            MOV    DPTR,#XPC
            MOVX   @DPTR,A
            INC    R0
            MOV    A,R0
            MOV    DPTR,#TAB
            MOVC   A,@A+DPTR
            MOV    P1,A
            INC    R0
            MOV    DPTR,#XPB
            MOV    A,#0FFH
            MOVX   @DPTR,A
            MOV    DPTR,#XPA
            MOV    A,R1
            CPL    A
            MOVX   @DPTR,A
            MOV    A,R1
            RL     A
            MOV    R1,A
            MOV    R3,#80H
            DJNZ   R3,$                 ;延时
```

```
            LCALL OFFLED              ;关显示
            DJNZ  R4, DISP1
            MOV   R1,#01H
            MOV   R4,#08H
    DISP2:  MOV   A,R0
            MOV   DPTR,#TAB
            MOVC  A,@A+DPTR
            MOV   DPTR,#XPC
            MOVX  @DPTR,A
            INC   R0
            MOV   A,R0
            MOV   DPTR,#TAB
            MOVC  A,@A+DPTR
            MOV   P1,A
            INC   R0
            MOV   DPTR,#XPB
            MOV   A,R1
            CPL   A
            MOVX  @DPTR,A
            MOV   DPTR,#XPA
            MOV   A,#0FFH
            MOVX  @DPTR,A
            MOV   A,R1
            RL    A
            MOV   R1,A
            MOV   R3,#80H
            DJNZ  R3,$                 ;延时
            LCALL OFFLED              ;关显示
            DJNZ  R4,   DISP2
            POP   00H
            RET
;----------------------------------------
    DEL1:   MOV   R2,#05H
    DELY:   PUSH  02H
    DEL2:   PUSH  02H
    DEL3:   PUSH  02H
    DEL4:   DJNZ  R2,DEL4
            LCALL DISPW
            POP   02H
            DJNZ  R2,DEL3
            POP   02H
            DJNZ  R2,DEL2
            POP   02H
            DJNZ  R2,DELY
            RET
```

```
;-------------------------------------------------------
OFFLED: MOV    DPTR,#XPA
        MOV    A,#0FFH
        MOVX   @DPTR,A
        MOV    DPTR,#XPB
        MOVX   @DPTR,A
        RET
ONLED:  MOV    DPTR,#XPA
        MOV    A,#0
        MOVX   @DPTR,A
        MOV    DPTR,#XPB
        MOVX   @DPTR,A
        RET
TAB:
;-- 文字: 中 --
;-- 宋体12; 此字体下对应的点阵为: 宽 x 高=16x16   --
    DB  00H,00H,1FH,0C0H,10H,80H,10H,80H
    DB  10H,80H,10H,80H,10H,80H,0FFH,0FFH
    DB  10H,80H,10H,80H,10H,80H,10H,80H
    DB  10H,80H,3FH,0C0H,10H,00H,00H,00H
;-- 文字: 国 --
;-- 宋体12; 此字体下对应的点阵为: 宽 x 高=16x16   --
    DB  00H,00H,7FH,0FFH,40H,02H,50H,0AH
    DB  51H,0AH,51H,0AH,51H,0AH,5FH,0FAH
    DB  51H,0AH,53H,4AH,71H,2AH,50H,0AH
    DB  40H,02H,0FFH,0FFH,40H,00H,00H,00H
;-- 文字: 铁 --
;-- 宋体12; 此字体下对应的点阵为: 宽 x 高=16x16   --
    DB  01H,00H,02H,40H,0EH,40H,0F3H,0FEH
    DB  12H,44H,12H,49H,05H,02H,79H,0CH
    DB  11H,30H,0FFH,0C0H,11H,30H,31H,0CH
    DB  13H,02H,01H,03H,00H,02H,00H,00H
;-- 文字: 道 --
;-- 宋体12; 此字体下对应的点阵为: 宽 x 高=16x16   --
    DB  02H,00H,42H,02H,22H,04H,33H,0F8H
    DB  00H,04H,20H,02H,0A7H,0FDH,6DH,25H
    DB  35H,25H,25H,25H,25H,25H,65H,25H
    DB  0AFH,0FDH,24H,03H,00H,02H,00H,00H
;-- 文字: 出 --
;-- 宋体12; 此字体下对应的点阵为: 宽 x 高=16x16   --
    DB  00H,00H,00H,7FH,3FH,02H,02H,02H
    DB  02H,02H,02H,02H,02H,02H,0FFH,0FEH
    DB  02H,02H,02H,02H,02H,02H,02H,02H
    DB  3FH,02H,00H,7FH,00H,00H,00H,00H
;-- 文字: 版 --
```

```
;--  宋体 12；  此字体下对应的点阵为：宽 x 高=16x16   --
    DB 00H,02H,7FH,0FCH,04H,80H,04H,80H
    DB 0FCH,0FFH,04H,04H,00H,18H,3FH,0E2H
    DB 24H,04H,25H,0C8H,24H,30H,44H,68H
    DB 0C5H,84H,46H,06H,00H,04H,00H,00H
;--  文字：  社  --
;--  宋体 12；  此字体下对应的点阵为：宽 x 高=16x16   --
    DB 08H,40H,08H,80H,89H,00H,6BH,0FFH
    DB 0DH,00H,08H,84H,04H,04H,04H,04H
    DB 04H,04H,0FFH,0FCH,04H,04H,04H,04H
    DB 0CH,04H,04H,0CH,00H,04H,00H,00H
;--  文字：  O k -
;--  宋体 12；  此字体下对应的点阵为：宽 x 高=8x16   --
    DB 1FH,0E0H,3FH,0F0H,20H,10H,20H,10H
    DB 20H,10H,3FH,0F0H,1FH,0E0H,00H,00H
    DB 20H,10H,3FH,0F0H,3FH,0F0H,03H,00H
    DB 07H,80H,3CH,0F0H,38H,70H,00H,00H
    END
```

参考 C 语言程序

```c
#include <reg51.h>              //51 芯片引脚定义头文件
#include<absacc.h>              //包含绝对地址访问的头文件
#define uchar unsigned char
#define uint unsigned int

sbit SDATA_595=P0^0;           //串行数据输入
sbit SCLK_595 =P2^7;           //移位时钟脉冲
sbit RCK_595 =P0^2;            //输出锁存器控制脉冲
sbit G_74138 =P2^4;            //显示允许控制信号端口
void delay(uint dt);
void DISPW(uchar u);
void offled();
#define con XBYTE[0xff2b]       //8255A 的控制口
#define pa XBYTE[0xff28]        //8255A 的 PA 口
#define pb XBYTE[0xff29]        //8255A 的 PB 口
#define pc XBYTE[0xff2a]        //8255A 的 PC 口
#define pd P1                   //定义输出端口
unsigned char code Bmp[]=
{  //-- 文字：中 --
   //-- 宋体 12；  此字体下对应的点阵为：宽 X 高=16X16   --
   0x0,0x0,0x1F,0xC0,0x10,0x80,0x10,0x80,
   0x10,0x80,0x10,0x80,0x10,0x80,0xFF,0xFF,
   0x10,0x80,0x10,0x80,0x10,0x80,0x10,0x80,
   0x10,0x80,0x3F,0xC0,0x10,0x0,0x0,0x0,
   //-- 文字：国 --
```

```
//--    宋体 12;  此字体下对应的点阵为: 宽 X 高=16X16    --
0x0,0x0,0x7F,0xFF,0x40,0x2,0x50,0xA,
0x51,0xA,0x51,0xA,0x51,0xA,0x5F,0xFA,
0x51,0xA,0x53,0x4A,0x71,0x2A,0x50,0xA,
0x40,0x2,0xFF,0xFF,0x40,0x0,0x0,0x0,
//--    文字:  铁  --
//--    宋体 12;  此字体下对应的点阵为: 宽 X 高=16X16    --
0x1,0x0,0x2,0x40,0xE,0x40,0xF3,0xFE,
0x12,0x44,0x12,0x49,0x5,0x2,0x79,0xC,
0x11,0x30,0xFF,0xC0,0x11,0x30,0x31,0xC,
0x13,0x2,0x1,0x3,0x0,0x2,0x0,0x0,
//--    文字:  道  --
//--    宋体 12;  此字体下对应的点阵为: 宽 X 高=16X16    --
0x2,0x0,0x42,0x2,0x22,0x4,0x33,0xF8,
0x0,0x4,0x20,0x2,0xA7,0xFD,0x6D,0x25,
0x35,0x25,0x25,0x25,0x25,0x25,0x65,0x25,
0xAF,0xFD,0x24,0x3,0x0,0x2,0x0,0x0,
//--    文字:  出  --
//--    宋体 12;  此字体下对应的点阵为: 宽 X 高=16X16    --
0x0,0x0,0x0,0x7F,0x3F,0x2,0x2,0x2,
0x2,0x2,0x2,0x2,0x2,0x2,0xFF,0xFE,
0x2,0x2,0x2,0x2,0x2,0x2,0x2,0x2,
0x3F,0x2,0x0,0x7F,0x0,0x0,0x0,0x0,
//--    文字:  版  --
//--    宋体 12;  此字体下对应的点阵为: 宽 X 高=16X16    --
0x0,0x2,0x7F,0xFC,0x4,0x80,0x4,0x80,
0xFC,0xFF,0x4,0x4,0x0,0x18,0x3F,0xE2,
0x24,0x4,0x25,0xC8,0x24,0x30,0x44,0x68,
0xC5,0x84,0x46,0x6,0x0,0x4,0x0,0x0,
//--    文字:  社  --
//--    宋体 12;  此字体下对应的点阵为: 宽 X 高=16X16    --
0x8,0x40,0x8,0x80,0x89,0x0,0x6B,0xFF,
0xD,0x0,0x8,0x84,0x4,0x4,0x4,0x4,
0x4,0x4,0xFF,0xFC,0x4,0x4,0x4,0x4,
0xC,0x4,0x4,0xC,0x0,0x4,0x0,0x0,
//--    文字:  O K -
//--    宋体 12;  此字体下对应的点阵为: 宽 X 高=8X16    --
0x1F,0xE0,0x3F,0xF0,0x20,0x10,0x20,0x10,
0x20,0x10,0x3F,0xF0,0x1F,0xE0,0x0,0x0,
0x20,0x10,0x3F,0xF0,0x3F,0xF0,0x3,0x0,
0x7,0x80,0x3C,0xF0,0x38,0x70,0x0,0x0,
};
/*********主函数***************************/
void main(void)
{
```

```
    uchar i;
    con=0x80;
    offled();
    while(1)
    {
        for(i=0;i<256;i=i+2)
        {
            DISPW(i);
        }
    }
}
/*****************************************/
void DISPW(uchar u)
{
    uchar i,j;
    j=0xfe;
    for(i=0;i<8;i++)
    {
        pc=Bmp[u];
        pd=Bmp[u+1];
        u++;
        u++;
        pb=0xff;
        pa=j;
        j=j*2+0x01;
        delay(2);
        offled();
    }
    j=0xfe;
    for(i=8;i<16;i++)
    {
        pc=Bmp[u];
        pd=Bmp[u+1];
        u++;
        u++;
        pb=j;
        pa=0xff;
        j=j*2+0x01;
        delay(2);
        offled();
    }
}
/****************延时函数********************/
void delay(uint dt)
{
```

```
uchar bt;
for(;dt;dt--)
for(bt=0;bt<255;bt++);
}
/******offled*****************************/
void offled()
{
pa=0xff;
pb=0xff;
}
```

实验结果

全速运行程序后，可左移显示"中国铁道出版社 OK"字样。

思考题

（1）如果要求右移显示，程序又如何修改？

（2）如果要求改变左移显示的速度，程序又如何修改？

4.7　128×64 LCD 液晶显示实验

实验目的

（1）了解点阵式液晶显示器工作原理和显示方法。

（2）掌握液晶显示器接口的设计与编程。

（3）利用点阵式液晶显示器显示汉字或图形。

实验内容

利用取模软件建立标准字库，编制程序，在液晶显示器上显示汉字。

实验基础知识

（1）AMPIRE12864 的接口信号。AMPIRE128×64 是一种 128×64 点阵的 LCM 显示模块，其接口信号如表 4-2 所示。

表 4-2　LCM 显示模块的引脚功能

引脚名称	LEVER	引 脚 功 能 描 述
VSS	0	电源地
VDD	+5.0 V	电源电压
V0	—	液晶显示器驱动电压　（在 PROTUES 仿真软件中可不接）
RS	H/L	RS="H"，表示 DB7～DB0 为显示数据 RS="L"，表示 DB7～DB0 为命令与状态
R/nW	H/L	R/W="H"，E="H" 数据被读到 DB7～DB0 R/W="L"，E="H→L" 数据被写到 IR 或 DR
E	H/L	R/W="L"，E 信号下降沿锁存 DB7～DB0 R/W="H"，E="H" DDRAM 数据读到 DB7～DB0

续表

引脚名称	LEVER	引 脚 功 能 描 述
DB0 ~ DB7	H/L	数据线
CS1	H/L	H:选择芯片(右半屏)信号
CS2	H/L	H:选择芯片(左半屏)信号
RET	H/L	复位信号，低电平复位
VOUT	–10 V	LCD 驱动负电压 （在 PROTUES 仿真软件中可不接）

AMPIRE12864 由两个完全相同的左右半屏拼成，两个半屏的显示通过 CS1 和 CS2 来选择，如 CS1=0、CS2=1 时选择左半屏显示；CS1=1、CS2=0 时选择右半屏显示。

（2）显示内存与液晶显示屏关系，如图 4-20 所示。

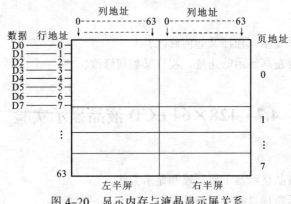

图 4-20 显示内存与液晶显示屏关系

（3）利用单片机的 P1 口作为液晶显示器接口的数据线，P3 口作为其控制线，自建字库后，通过查表程序依次将字库中的字形代码送显示内存显示汉字或图形。

（4）编程流程：开显示→设置页地址→设置 Y 地址→写数据表 1→写数据表 2。

（5）显示控制指令表，如表 4-3 所示。

表 4-3 显示控制指令

指令名称	控制信号		控 制 代 码							
	R/W	RS	DB7	DB6	DB5	DB4	DB3	DB2	DB1	DB0
显示开关	0	0	0	0	1	1	1	1	1	1/0
显示起始行设置	0	0	1	1	×	×	×	×	×	×
页设置	0	0	1	0	1	1	1	×	×	×
列地址设置	0	0	0	1	×	×	×	×	×	×
读状态	1	0	BUSY	0	ON/OFF	RST	0	0	0	0
写数据	0	1	数据							
读数据	1	1	数据							

注意：程序设计与字模数据的编排密切相关，本实验的参考程序采用的字模数据的编排如图 4-21 所示，字模数据可以借助于相关软件提取：

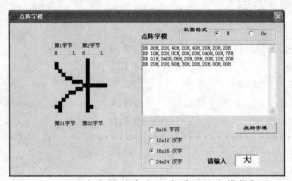

图 4-21　本实验的参考程序采用的字模数据

实验电路

实验电路，如图 4-22 所示。

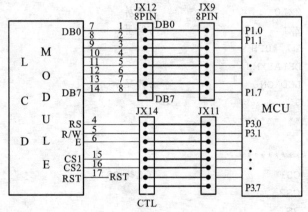

图 4-22　LCD 液晶显示实验电路

参考程序流程图

参考程序流程图，如图 4-23 所示。

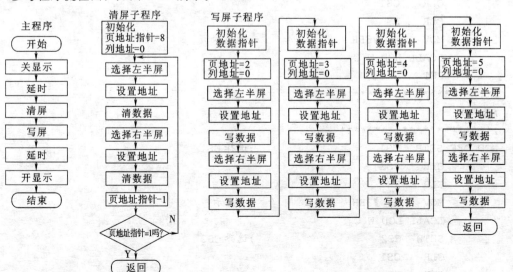

图 4-23　LCD 显示流程图

参考汇编语言程序

```
        RS   EQU  0B0H                      ;P3.0
        RW   EQU  0B1H                      ;P3.1
        E    EQU  0B2H                      ;P3.2
        CS1  EQU  0B4H                      ;P3.4
        CS2  EQU  0B5H                      ;P3.5
;**********************************************
        ORG  0000H
        AJMP STAR
        ORG  0030H
STAR:   LCALL LCD_OFF                       ;关显示
        MOV   R7,#04H
        LCALL DELAYXMS                      ;延时
MAIN:   LCALL ZXL0                          ;清屏
        LCALL ZXL                           ;写屏
        MOV   R7,#0FH
        LCALL DELAYXMS
        LCALL LCD_ON                        ;开显示
        LJMP  $
;**********************
;开显示
;**********************
LCD_ON: SETB  CS1                           ;选择CS1
        CLR   CS2
        CLR   RS
        MOV   A, #3FH                        ;开显示
        LCALL LCD_W_C
        SETB  CS2                           ;选择CS2
        CLR   CS1
        CLR   RS
        MOV   A, #3FH                        ;开显示
        LCALL LCD_W_C
        RET
;**********************
;关显示
;**********************
LCD_OFF:SETB  CS1                           ;选择CS1
        CLR   CS2
        CLR   RS
        MOV   A, #3EH                        ;关显示
        LCALL LCD_W_C
        SETB  CS2                           ;选择CS2
        CLR   CS1
        CLR   RS
        MOV   A, #3EH                        ;关显示
```

```
        LCALL LCD_W_C
        RET
;************************
; 写命令
; 命令代码在 A 中
;************************
LCD_W_C:
        CLR   RS                      ;写命令
        MOV   P1, A
        LCALL WRITE
        RET
;************************
; 写数据
; 数据在 A 中
;************************
LCD_W_D:
        SETB  RS                      ;写数据
        MOV   P1, A
        LCALL WRITE
        RET
;************************
; 写操作
;************************
WRITE:  CLR   RW
        SETB  E
        LCALL DELAY2MS
        CLR   E
        RET
;************************
; 清屏
;************************
ZXL0:   MOV   R4,#8
ZXL00:  MOV   A,R4
        DEC   A
        MOV   R7,A                    ;页地址
        MOV   R6,#0H                  ;列地址
        MOV   R5,#0H                  ;行地址
        CLR   CS2
        SETB  CS1                     ;选择左半屏
        LCALL XPAGE
        MOV   R3, #40H
        LCALL COM0
        CLR   CS1
        SETB  CS2                     ;选择右半屏
        LCALL XPAGE                   ;设置地址
```

```
            MOV   R3, #40H
            LCALL COM0                          ;写数据
            DJNZ  R4,ZXL00
            RET
;***************************
;写屏
;***************************
ZXL:   MOV   DPTR, #TAB5
            INC   DPTR
            CLR   CS2
            SETB  CS1                           ;选择左半屏
            MOV   R6,#0H                        ;列地址
            MOV   R7,#2H                        ;页地址
            MOV   R5,#0H                        ;行地址
            LCALL XPAGE
            MOV   R3, #10H
            LCALL COM0
            MOV   R3, #30H
            LCALL COM
            CLR   CS1
            SETB  CS2                           ;选择右半屏
            LCALL XPAGE                         ;设置显示地址
            MOV   R3, #30H
            LCALL COM
ZXL1:  MOV   DPTR, #TAB5
            CLR   CS2
            SETB  CS1
            MOV   R6,#0H
            MOV   R7,#3H
            MOV   R5,#0H
            LCALL XPAGE
            MOV   R3, #10H
            LCALL COM0
            MOV   R3, #30H
            LCALL COM
            CLR   CS1
            SETB  CS2
            LCALL XPAGE
            MOV   R3, #30H
            LCALL COM
ZXL2:  MOV   DPTR, #TAB6
            INC   DPTR
            CLR   CS2
            SETB  CS1
            MOV   R6,#0H
```

```
        MOV     R7,#4H
        MOV     R5,#0H
        LCALL   XPAGE
        MOV     R3, #10H
        LCALL   COM0
        MOV     R3, #30H
        LCALL   COM
        CLR     CS1
        SETB    CS2
        LCALL   XPAGE
        MOV     R3, #30H
        LCALL   COM
ZXL3:   MOV     DPTR, #TAB6
        CLR     CS2
        SETB    CS1
        MOV     R6,#0H
        MOV     R7,#5H
        MOV     R5,#0H
        LCALL   XPAGE
        MOV     R3, #10H
        LCALL   COM0
        MOV     R3, #30H
        LCALL   COM
        CLR     CS1
        SETB    CS2
        LCALL   XPAGE
        MOV     R3, #30H
        LCALL   COM
        RET
;****************************
; 设置地址
; 列地址为 R6,页为 R7
;****************************
XPAGE:
        MOV     A, R7
        ADD     A,#0B8H
        LCALL   LCD_W_C         ;设置 PAG=00,页(PAGE)设置为 0
        MOV     A, R6
        ADD     A,#40H
        LCALL   LCD_W_C         ;设置 Y=00,列地址设置为 0
        MOV     A, R5
        ADD     A,#0C0H
        LCALL   LCD_W_C         ;设置 x=00,行地址设置为 0
        RET
;*****************************************
```

```
;清屏
;R3 为数据数
;*********************************
COM0:   CLR    A
        LCALL  LCD_W_D              ;写数据
        DJNZ   R3,COM0
        RET
;*********************************
;写数据表
;R3 为数据数
;*********************************
COM:    CLR A
        MOVC   A, @A+DPTR           ;DPTR=#TAB5
        LCALL  LCD_W_D              ;写数据
        INC    DPTR
        INC    DPTR
        DJNZ   R3,COM
        RET
;*********************************
;延时
;*********************************
DELAY2MS:MOV   R6, #02H
DELAY0:  MOV   R5, #0FH
DELAY1:  DJNZ  R5, DELAY1
         DJNZ  R6, DELAY0
         RET
;*********************************
;延时
;*********************************
DELAYXMS:MOV   R5, #40H
D1:      MOV   R6, #0FFH
D2:      DJNZ  R6, D2
         DJNZ  R5, D1
         DJNZ  R7, DELAYXMS
         RET
;*********************************
;***点阵字模数据
;*********************************
TAB5:
    ;-- 文字:  安  --
    ;-- 宋体 12;  此字体下对应的点阵为:宽 X 高=16X16    --
    DB 00H,90H,00H,8CH,80H,84H,84H,84H
    DB 46H,84H,49H,84H,28H,0F5H,10H,86H
    DB 10H,84H,28H,84H,47H,84H,0C0H,84H
    DB 00H,84H,00H,0D4H,00H,8CH,00H,00H
```

```
;-- 文字: 徽 --
;-- 宋体12; 此字体下对应的点阵为: 宽X高=16X16   --
DB 02H,20H,01H,10H,0FFH,8CH,40H,63H
DB 29H,5CH,8DH,0D0H,0FBH,5FH,0DH,50H
DB 0A8H,0DCH,40H,20H,27H,90H,18H,1FH
DB 2CH,10H,0C3H,0F0H,40H,10H,00H,00H
;-- 文字: 工 --
;-- 宋体12; 此字体下对应的点阵为: 宽X高=16X16   --
DB 20H,00H,20H,04H,20H,04H,20H,04H
DB 20H,04H,20H,04H,20H,04H,3FH,0FCH
DB 20H,04H,20H,04H,20H,04H,20H,04H
DB 20H,06H,30H,04H,20H,00H,00H,00H
;-- 文字: 程 --
;-- 宋体12; 此字体下对应的点阵为: 宽X高=16X16   --
DB 08H,24H,06H,24H,01H,0A4H,0FFH,0FEH
DB 00H,0A3H,43H,22H,41H,20H,49H,7EH
DB 49H,42H,49H,42H,7FH,42H,49H,42H
DB 4DH,42H,69H,7FH,41H,02H,00H,00H
;-- 文字: 大 --
;-- 宋体12; 此字体下对应的点阵为: 宽X高=16X16   --
DB 00H,20H,40H,20H,40H,20H,20H,20H
DB 10H,20H,0CH,20H,03H,0A0H,00H,7FH
DB 01H,0A0H,06H,20H,08H,20H,10H,20H
DB 20H,20H,60H,30H,20H,20H,00H,00H
;-- 文字: 学 --
;-- 宋体12; 此字体下对应的点阵为: 宽X高=16X16   --
DB 04H,40H,04H,30H,04H,11H,04H,96H
DB 04H,90H,44H,90H,84H,91H,7EH,96H
DB 06H,90H,05H,90H,04H,98H,04H,14H
DB 04H,13H,06H,50H,04H,30H,00H,00H
TAB6:
;-- 文字: 液 --
;-- 宋体12; 此字体下对应的点阵为: 宽X高=16X16   --
DB 04H,10H,04H,22H,0FEH,64H,01H,0CH
DB 02H,80H,01H,04H,0FFH,0C4H,42H,34H
DB 21H,05H,16H,0C6H,08H,0BCH,15H,24H
DB 23H,24H,60H,0E6H,20H,04H,00H,00H
;-- 文字: 晶 -
;-- 宋体12; 此字体下对应的点阵为: 宽X高=8X16   --
DB 00H,00H,0FFH,00H,49H,00H,49H,00H
DB 49H,0FFH,49H,49H,0FFH,49H,00H,49H
DB 0FFH,49H,49H,49H,49H,0FFH,49H,00H
DB 49H,00H,0FFH,80H,01H,00H,00H,00H
;-- 文字: 显 --
;-- 宋体12; 此字体下对应的点阵为: 宽X高=16X16   --
```

```
        DB  40H,00H,42H,00H,44H,00H,4DH,0FEH
        DB  40H,92H,7FH,92H,40H,92H,40H,92H
        DB  40H,92H,7FH,92H,40H,92H,49H,0FFH
        DB  44H,02H,66H,00H,40H,00H,00H,00H
        ;--  文字: 示  -
        ;--  宋体12; 此字体下对应的点阵为: 宽 X 高=16X16  --
        DB  00H,40H,10H,40H,08H,42H,04H,42H
        DB  06H,42H,40H,42H,80H,42H,7FH,0C2H
        DB  00H,42H,00H,42H,02H,42H,04H,43H
        DB  0CH,42H,18H,60H,00H,40H,00H,00H
        ;--  文字: 实  --
        ;--  宋体12; 此字体下对应的点阵为: 宽 X 高=16X16  --
        DB  02H,10H,82H,0CH,82H,04H,42H,44H
        DB  42H,8CH,23H,94H,12H,35H,0EH,06H
        DB  03H,0F4H,0AH,04H,12H,04H,22H,04H
        DB  42H,04H,0C3H,14H,02H,0CH,00H,00H
        ;--  文字: 验  --
        ;--  宋体12; 此字体下对应的点阵为: 宽 X 高=16X16  --
        DB  10H,02H,31H,0FAH,11H,02H,49H,02H
        DB  89H,0FFH,7FH,42H,42H,20H,5CH,50H
        DB  40H,4CH,4FH,43H,60H,4CH,58H,50H
        DB  47H,20H,60H,60H,40H,20H,00H,00H
        END
```

参考 C 语言程序

```c
#include<reg52.h> //包含头文件，一般情况不需要改动，头文件包含特殊功能寄存器的定义
#include<intrins.h>
sbit RS = P3^0;    //定义端口
sbit RW = P3^1;
sbit EN = P3^2;
sbit CS1 = P3^4;
sbit CS2 = P3^5;
#define RS_CLR RS=0
#define RS_SET RS=1
#define RW_CLR RW=0
#define RW_SET RW=1
#define EN_CLR EN=0
#define EN_SET EN=1
#define DataPort P1
unsigned char code Bmp1[]=
{  //-- 文字: 安 --
   //-- 宋体12; 此字体下对应的点阵为: 宽 X 高=16X16  --
   0x00,0x90,0x00,0x8C,0x80,0x84,0x84,0x84,
   0x46,0x84,0x49,0x84,0x28,0x0F5,0x10,0x86,
   0x10,0x84,0x28,0x84,0x47,0x84,0x0C0,0x84,
```

```
0x00,0x84,0x00,0x0D4,0x00,0x8C,0x00,0x00,
//-- 文字： 徽 --
//-- 宋体12；此字体下对应的点阵为：宽X高=16X16  --
0x02,0x20,0x01,0x10,0x0FF,0x8C,0x40,0x63,
0x29,0x5C,0x8D,0x0D0,0x0FB,0x5F,0x0D,0x50,
0x0A8,0x0DC,0x40,0x20,0x27,0x90,0x18,0x1F,
0x2C,0x10,0x0C3,0x0F0,0x40,0x10,0x00,0x00,
//-- 文字： 工 --
//-- 宋体12；此字体下对应的点阵为：宽X高=16X16  --
0x20,0x00,0x20,0x04,0x20,0x04,0x20,0x04,
0x20,0x04,0x20,0x04,0x20,0x04,0x3F,0x0FC,
0x20,0x04,0x20,0x04,0x20,0x04,0x20,0x04,
0x20,0x06,0x30,0x04,0x20,0x00,0x00,0x00,
//-- 文字： 程 --
//-- 宋体12；此字体下对应的点阵为：宽X高=16X16  --
0x08,0x24,0x06,0x24,0x01,0x0A4,0x0FF,0x0FE,
0x00,0x0A3,0x43,0x22,0x41,0x20,0x49,0x7E,
0x49,0x42,0x49,0x42,0x7F,0x42,0x49,0x42,
0x4D,0x42,0x69,0x7F,0x41,0x02,0x00,0x00,
//-- 文字： 大 --
//-- 宋体12；此字体下对应的点阵为：宽X高=16X16  --
0x00,0x20,0x40,0x20,0x40,0x20,0x20,0x20,
0x10,0x20,0x0C,0x20,0x03,0x0A0,0x00,0x7F,
0x01,0x0A0,0x06,0x20,0x08,0x20,0x10,0x20,
0x20,0x20,0x60,0x30,0x20,0x20,0x00,0x00,
//-- 文字： 学 --
//-- 宋体12；此字体下对应的点阵为：宽X高=16X16  --
0x04,0x40,0x04,0x30,0x04,0x11,0x04,0x96,
0x04,0x90,0x44,0x90,0x84,0x91,0x7E,0x96,
0x06,0x90,0x05,0x90,0x04,0x98,0x04,0x14,
0x04,0x13,0x06,0x50,0x04,0x30,0x00,0x00,
};
unsigned char code Bmp2[]=
{  //-- 文字： 液 --
//-- 宋体12；此字体下对应的点阵为：宽X高=16X16  --
0x04,0x10,0x04,0x22,0x0FE,0x64,0x01,0x0C,
0x02,0x80,0x01,0x04,0x0FF,0x0C4,0x42,0x34,
0x21,0x05,0x16,0x0C6,0x08,0x0BC,0x15,0x24,
0x23,0x24,0x60,0x0E6,0x20,0x04,0x00,0x00,
//-- 文字： 晶 --
//-- 宋体12；此字体下对应的点阵为：宽X高=16X16  --
0x00,0x00,0x0FF,0x00,0x49,0x00,0x49,0x00,
0x49,0x0FF,0x49,0x49,0x0FF,0x49,0x00,0x49,
0x0FF,0x49,0x49,0x49,0x49,0x0FF,0x49,0x00,
0x49,0x00,0x0FF,0x80,0x01,0x00,0x00,0x00,
```

```
    //-- 文字： 显 --
    //-- 宋体 12；  此字体下对应的点阵为：宽 X 高=16X16   --
    0x40,0x00,0x42,0x00,0x44,0x00,0x4D,0x0FE,
    0x40,0x92,0x7F,0x92,0x40,0x92,0x40,0x92,
    0x40,0x92,0x7F,0x92,0x40,0x92,0x49,0x0FF,
    0x44,0x02,0x66,0x00,0x40,0x00,0x00,0x00,
    //-- 文字： 示 --
    //-- 宋体 12；  此字体下对应的点阵为：宽 X 高=16X16   --
    0x00,0x40,0x10,0x40,0x08,0x42,0x04,0x42,
    0x06,0x42,0x40,0x42,0x80,0x42,0x7F,0x0C2,
    0x00,0x42,0x00,0x42,0x02,0x42,0x04,0x43,
    0x0C,0x42,0x18,0x60,0x00,0x40,0x00,0x00,
    //-- 文字： 实 --
    //-- 宋体 12；  此字体下对应的点阵为： 宽 X 高=16X16   --
    0x02,0x10,0x82,0x0C,0x82,0x04,0x42,0x44,
    0x42,0x8C,0x23,0x94,0x12,0x35,0x0E,0x06,
    0x03,0x0F4,0x0A,0x04,0x12,0x04,0x22,0x04,
    0x42,0x04,0x0C3,0x14,0x02,0x0C,0x00,0x00,
    //-- 文字： 验 --
    //-- 宋体 12；  此字体下对应的点阵为：宽 X 高=16X16   --
    0x10,0x02,0x31,0x0FA,0x11,0x02,0x49,0x02,
    0x89,0x0FF,0x7F,0x42,0x42,0x20,0x5C,0x50,
    0x40,0x4C,0x4F,0x43,0x60,0x4C,0x58,0x50,
    0x47,0x20,0x60,0x60,0x40,0x20,0x00,0x00,
};
/*------μs 延时函数, 这里使用晶振 12 MHz, 大致延时长度如下  T=tx2+5 μs  */
void DelayUs2x(unsigned char t)
{
    while(--t);
}
/*------ms 延时函数, 这里使用晶振 12 MHz, 大致延时 1ms  */
void DelayMs(unsigned char t)
{
    while(t--)
    {
      //大致延时 1ms
      DelayUs2x(245);
      DelayUs2x(245);
    }
}
 /*-----------写命令---com 为命令代码------------*/
void LCD_Write_Com(unsigned char com)
{
    RS_CLR;
    RW_CLR;
```

```
      EN_SET;
      DataPort= com;
      _nop_();
      EN_CLR;
      RW_SET;
  }
/*-----------写数据----------------------*/
void LCD_Write_Data(unsigned char Data)
  {
      RS_SET;
      RW_CLR;
      EN_SET;
      DataPort= Data;
      _nop_();
      EN_CLR;
      RW_SET;
  }
/*-----------清屏函数--------------------------*/
void LCD_Clear(void)
  {
    unsigned char i,j;
    for(i=0;i<8;i++)                        //页循环
    {
        CS1=1;                             //选择左半屏
        CS2=0;
        LCD_Write_Com(0xB8+i);            //设置页
        LCD_Write_Com(0x40);             //从 0 列开始
        for(j=0;j<64;j++)                //列循环
        {
            LCD_Write_Data(0x0);        //写数据 0
        }
        CS1=0;
        CS2=1;                           //选择右半屏
        LCD_Write_Com(0xB8+i);          //设置页
        LCD_Write_Com(0x40);           //从 0 列开始
        for(j=0;j<64;j++)              //列循环
        {
            LCD_Write_Data(0x0);      //写数据
        }
    }
  }
/*-----------写屏函数----------------------*/
void LCD_Write_P()
  {
    unsigned char i,j;
```

```
    for(i=0;i<2;i++)                                //页循环(2~3页)
    {
        CS1=1;                                      //选择左半屏
        CS2=0;
        LCD_Write_Com(0xB8+2+i);                    //设置页
        LCD_Write_Com(0x40);                        //从0列开始
        LCD_Write_Com(0xC0);
        LCD_Write_Com(0x3F);                        //开显示
        for(j=0;j<16;j++)                           //第1个字
        {
            LCD_Write_Data(0x0);                    //写数据0
        }
        for(j=0;j<48;j++)                           //第2~4个字
        {
            LCD_Write_Data(Bmp1[2*j+1-i]);          //写数据
        }
        CS1=0;
        CS2=1;                                      //选择右半屏
        LCD_Write_Com(0xB8+2+i);                    //设置页
        LCD_Write_Com(0x40);                        //从0列开始
        LCD_Write_Com(0xC0);
        LCD_Write_Com(0x3F);                        //开显示
        for(j=48;j<96;j++)                          //第5~7个字
        {
            LCD_Write_Data(Bmp1[2*j+1-i]);          //写数据
        }
    }
    for(i=0;i<2;i++)                                //页循环(4~5页)
    {
        CS1=1;                                      //选择左半屏
        CS2=0;
        LCD_Write_Com(0xB8+4+i);                    //设置页
        LCD_Write_Com(0x40);                        //从0列开始
        LCD_Write_Com(0xC0);
        for(j=0;j<16;j++)                           //第1个字
        {
            LCD_Write_Data(0x0);                    //写数据0
        }
        for(j=0;j<48;j++)                           //第2~4个字
        {
            LCD_Write_Data(Bmp2[2*j+1-i]);          //写数据
        }
        CS1=0;
        CS2=1;                                      //选择右半屏
        LCD_Write_Com(0xB8+4+i);                    //设置页
```

```
        LCD_Write_Com(0x40);                    //从 0 列开始
        LCD_Write_Com(0xC0);
        for(j=48;j<96;j++)                      //第 5~7 个字
        {
            LCD_Write_Data(Bmp2[2*j+1-i]);      //写数据
        }
    }
}
/*-----------------主函数-----------------------*/
void main(void)
{
    CS1=0;
    CS2=1;
    LCD_Write_Com(0x3e);
    CS1=1;
    CS2=0;
    LCD_Write_Com(0x3e);
    DelayMs(5);
    while (1)
    {
        LCD_Clear();
        LCD_Write_P();
        DelayMs(500);
    }
}
```

实验结果

全速运行程序后，可显示"安徽工程大学　液晶显示实验"字样。

思考题

如果要求显示字幕向上滚动，实验程序应如何修改？

4.8　小直流电动机调速实验

实验目的

（1）掌握直流电动机的驱动原理。

（2）了解直流电动机调速的方法。

实验内容

（1）用 DAC0832 转换输出，经放大后驱动直流电动机。

（2）编制程序，改变 DAC0832 输出经放大后的电压信号来控制电动机转速。

实验基础知识

直流电动机是控制系统中常用的一种执行元件，可以带动机械运动。直流电动机只要接通直流电源就能工作。

直流电动机的简单调速方法有两种：变压调速（改变电动机电源的电压）和脉宽调速（改变电动机电源的脉宽）

本实验采用变压调速方法，借助于 DAC0832 将数字量转换为模拟量来控制电动机转速。控制程序主要实现 D/A 转换输出。

实验电路

实验电路如图 4-24 所示。

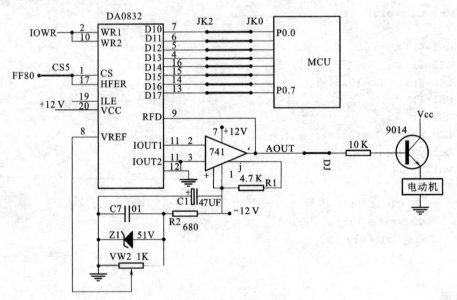

图 4-24 小直流电动机调速实验电路

参考程序流程

同实验 3.9，DAC0832 数/模转换器接口实验程序。

参考程序

同实验 3.9，DAC0832 数/模转换器接口实验程序。

实验结果

全速运行程序后，数码管最后二位上显示的数字量不断加大或减小，电动机速度也随之不断加快或减慢。

思考题

若采用脉宽调速，实验电路应如何修改？实验程序应如何修改？

4.9 步进电动机控制实验

实验目的

(1) 了解步进电动机控制的基本原理。

（2）掌握步进电动机转动编程方法。

实验内容

通过 I/O 口输出脉冲信号，驱动步进电动机转动，通过键盘设定来控制步进电动机正转、反转、停止。

实验基础知识

步进电动机驱动原理是通过对它每相线圈中的电流的顺序切换来使电动机作步进式旋转。驱动电路由脉冲信号来控制，所以调节脉冲信号的频率便可改变步进电动机的转速，用微型计算机控制步进电动机最适合。

键盘与显示器采用 8255A 扩展接口，电路参见图 3-12。

8255A 的端口地址由 nCS、A0、A1 的接线确定，本实验假定端口地址分别为：

PA 口	0FF20H	键盘扫描输出/显示字选控制口；
PB 口	0FF21H	显示段选码输出口；
PC 口	0FF22H	键盘扫描输入口；
控制口	0FF23H	

若不符合，请修改参考程序中的端口地址。

实验电路

实验电路如图 4-25 所示。

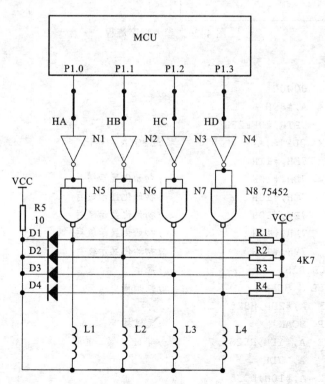

图 4-25　步进电动机控制实验电路

参考程序流程图

参考程序流程图如图 4-26 所示。

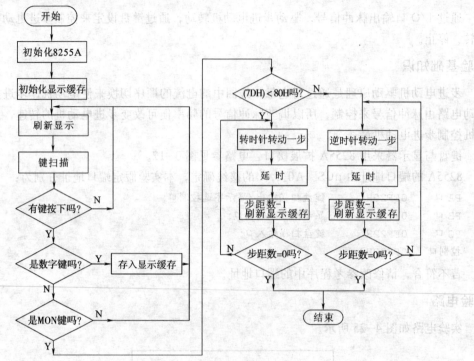

图 4-26 参考程序流程

参考汇编语言程序

```
            ORG    0000H
            MOV    A,#89H
            MOV    DPTR,#0FF23H
            MOVX   @DPTR,A         ;8255A 初始化
            MOV    7EH,#11H
            MOV    7DH,#10H         ;初始化显示缓存
            MOV    7CH,#10H         ;初始化显示缓存
            MOV    7BH,#10H         ;初始化显示缓存
            MOV    7AH,#10H         ;初始化显示缓存
            MOV    79H,#10H         ;初始化显示缓存
SCAN:       LCALL  DIS             ;显示
            LCALL  K_SCAN          ;键扫描
            CJNE   A,#20H,H8255_1
            AJMP   SCAN            ;无键按下
H8255_1:    CJNE   A,#1FH,H8255_2  ;非 MON 键，转移
            MOV    A, 7DH
            CJNE   A,#10H,DOJ5
            AJMP   SCAN
H8255_2:    CJNE   A,#10H,H8255_3
H8255_3:    JNC    SCAN            ;非数字键，转移
```

```
            MOV    7DH,7CH
            MOV    7CH,7BH
            MOV    7BH,7AH
            MOV    7AH,79H
            MOV    79H,A
            AJMP   SCAN
DOJ5:       MOV    A,7AH
            SWAP   A
            ORL    A,79H
            MOV    R6,A                  ;低字节步距数送R6
            MOV    A,7CH
            SWAP   A
            ORL    A,7BH
            MOV    R7,A                  ;高字节步距数据送R7
            MOV    A,7DH
            CJNE   A,#08H,DOJ0           ;判转动方向
DOJ0:       JNC    DOJ2
DOJ1:       MOV    P1,#03H               ;顺时针转动
            LCALL  DEL0Y
            LCALL  GGJ0
            MOV    P1,#06H
            LCALL  DEL0Y
            LCALL  GGJ0
            MOV    P1,#0CH
            LCALL  DEL0Y
            LCALL  GGJ0
            MOV    P1,#09H
            LCALL  DEL0Y
            LCALL  GGJ0
            SJMP   DOJ1
DOJ2:       MOV    P1,#09H               ;逆时针转动
            LCALL  DEL0Y
            LCALL  GGJ0
            MOV    P1,#0CH
            LCALL  DEL0Y
            LCALL  GGJ0
            MOV    P1,#06H
            LCALL  DEL0Y
            LCALL  GGJ0
            MOV    P1,#03H
            LCALL  DEL0Y
            LCALL  GGJ0
            SJMP   DOJ2
DEL0Y:      MOV    R5,#80H               ;延时
DEL1Y:      DJNZ   R5,DEL1Y
```

```
              LCALL   DIS
              RET
GGJ0:   CJNE    R7,#00H,GGJ1
              CJNE    R6,#00H,GGJ1          ;不为0，减1后显示
              AJMP    DOJ4                  ;步距数为0停止
GGJ1:   DJNZ    R6,DOJ3
              CJNE    R7,#00H,DDJ8
DOJ4:   LCALL   DIS
              SJMP    DOJ4
DDJ8:   DJNZ    R7,DOJ3
              AJMP    DOJ4
DOJ3:   LCALL   DOJ7
              RET
DOJ7:   MOV     R0,#79H               ;刷新显示缓存
              MOV     A,R6
              LCALL   PTDS5
              MOV     A,R7
              LCALL   PTDS5
              LCALL   DIS                   ;显示
              RET
PTDS5:  MOV     R1,A
              ACALL   PTDS6
              MOV     A,R1
              SWAP    A
PTDS6:  ANL     A,#0FH
              MOV     @R0,A
              INC     R0
              RET
;=====显示子程序========
DIS:    MOV     DPTR,#0FF20H          ;显示子程序
              MOV     A,#0FFH
              MOVX    @DPTR,A
              INC     DPTR
              MOVX    @DPTR,A
              MOV     R0,#7EH               ;显示缓存指针
              MOV     R2,#20H
              MOV     R3,#00H
DIS_1:  MOV     DPTR,#DISTAB
              MOV     A,@R0
              MOVC    A,@A+DPTR             ;取段选码
              MOV     DPTR,#0FF21H
              MOVX    @DPTR,A               ;输出段选码
              MOV     A,R2
              CPL     A
              MOV     DPTR,#0FF20H
```

```
        MOVX    @DPTR,A                 ;输出位选码
        CPL     A
        DEC     R0
DIS_2:  DJNZ    R3,DIS_2                ;延时
        CLR     C
        RRC     A
        MOV     R2,A
        JZ      DIS_3
        MOV     A,#0FFH
        MOVX    @DPTR,A                 ;关闭显示
        AJMP    DIS_1
DIS_3:  MOV     DPTR,#0FF21H
        MOV     A,#0FFH
        MOVX    @DPTR,A                 ;关闭显示
        RET
DISTAB: DB      0C0H,0F9H,0A4H,0B0H,99H,92H,82H,0F8H  ;段选码
        DB      80H,90H,88H,83H,0C6H,0A1H,86H,8EH
        DB      0FFH,0CH,89H,7FH,0BFH
;================================
;=====键扫描,取键值
;==== 有键按下,返回键值在 A 中
;==== 无键按下,返回 20H 在 A 中
;================================
K_SCAN: MOV     DPTR,#0FF21H            ;键扫描
        MOV     A,#0FFH
        MOVX    @DPTR,A
        MOV     R2,#0FEH                ;初始化键扫描
        MOV     R3,#08H                 ;初始化循环指针
        MOV     R0,#00H
K_1:    MOV     A,R2
        MOV     DPTR,#0FF20H
        MOVX    @DPTR,A                 ;键扫描输出
        RL      A
        MOV     R2,A
        MOV     DPTR,#0FF22H
        MOVX    A,@DPTR                 ;键扫描输入
        CPL     A
        ANL     A,#0FH
        JNZ     K_GET                   ;有键按下,转移
K_0:    INC     R0
        DJNZ    R3,K_1
        MOV     A,#20H                  ;无键按下
        RET
K_GET:  MOV     R7,A                    ;除抖
        MOV     R5,#0
```

```
DEL1:   MOV  R6,#0
        DJNZ R6,$
        DJNZ R5,DEL1
        MOVX A,@DPTR
        CPL  A
        ANL  A,#0FH
        CJNE A,07H, K_0
K_00:   MOVX A,@DPTR              ;等待键释放
        CPL  A
        ANL  A,#0FH
        JNZ  K_00
        MOV  A,R7
        CPL  A                    ;取键值
        JB   ACC.0,K_4
        MOV  A,#00H
        SJMP K_5
K_4:    JB   ACC.1,K_8
        MOV  A,#08H
        SJMP K_5
K_8:    JB   ACC.2,K_9
        MOV  A,#10H
        SJMP K_5
K_9:    JB   ACC.3,K_7
        MOV  A,#18H
K_5:    ADD  A,R0
        CJNE A,#10H,K_6
K_6:    JNC  K_7
        MOV  DPTR,#KEYTAB
        MOVC A,@A+DPTR
K_7:    RET
KEYTAB:DB    07H,04H,08H,05H,09H,06H,0AH,0BH
        DB    01H,00H,02H,0FH,03H,0EH,0CH,0DH
        END
```

参考 C 语言程序

```c
#include<reg51.h>     //包含头文件，一般情况不需要改动，头文件包含特殊功能寄存器的定义
#include"DIS8255.h"
#define con XBYTE[0xff23]   //8255A 的控制口
#define pa XBYTE[0xff20]    //8255A 的 PA 口   键盘扫描输出/显示字选控制口
#define pb XBYTE[0xff21]    //8255A 的 PB 口   显示段选码输出口
#define pc XBYTE[0xff22]    //8255A 的 PC 口   键盘扫描输入口
unsigned  char  code  dofly_DuanMa[]={0xc0,0xf9,0xa4,0xb0,0x99,0x92,0x82,
0xf8,0x80,  0x90,0x88,0x83,0xc6,0xa1,0x86,0x8e,0xff,0x0c,0x89,0x7f,0xbf};
//显示段码值 0~F
unsigned char TempData[]={0x10,0x10,0x10,0x10,0x10,0x11};   //显示缓存
```

```
unsigned char KEYTAB[]={0x07,0x04,0x08,0x05,0x09,0x06,0x0A,0x0B,0x01,0x00,
0x02, 0x0F,0x03,0x0E,0x0C,0x0D};
sbit A1=P1^0;                             //定义步进电动机连接端口
sbit B1=P1^1;
sbit C1=P1^2;
sbit D1=P1^3;
#define Coil_AB1 {A1=1;B1=1;C1=0;D1=0;}   //AB 相通电，其他相断电
#define Coil_BC1 {A1=0;B1=1;C1=1;D1=0;}   //BC 相通电，其他相断电
#define Coil_CD1 {A1=0;B1=0;C1=1;D1=1;}   //CD 相通电，其他相断电
#define Coil_DA1 {A1=1;B1=0;C1=0;D1=1;}   //D 相通电，其他相断电
#define Coil_A1  {A1=1;B1=0;C1=0;D1=0;}   //A 相通电，其他相断电
#define Coil_B1  {A1=0;B1=1;C1=0;D1=0;}   //B 相通电，其他相断电
#define Coil_C1  {A1=0;B1=0;C1=1;D1=0;}   //C 相通电，其他相断电
#define Coil_D1  {A1=0;B1=0;C1=0;D1=1;}   //D 相通电，其他相断电
#define Coil_OFF {A1=0;B1=0;C1=0;D1=0;}   //全部断电
/*----------主函数----------------------------*/
void main(void)
{
    unsigned char i;
    unsigned int j,k;                     //旋转一周时间
    con=0x89;                             //初始化 8255A
    Coil_OFF
    while (1)                             //主循环
    {
        i=15;
        while (i--)
        {
            Display();
        }
        i=KeyScan();                      //取键值
        if(i<0x10)                        //数字键
        {
            TempData[4]=TempData[3];
            TempData[3]=TempData[2];
            TempData[2]=TempData[1];
            TempData[1]=TempData[0];
            TempData[0]=i;
            Display();
        }
        if(i==0x1f)                       //MON 键
        {
            j=((TempData[3]*16+TempData[2])*16+TempData[1])*16+TempData[0];
            if(TempData[4]<8)
            {
                while(1)                  //顺时针转动
```

```
{   Coil_A1
    DelayMs(3);
    Coil_AB1    //遇到 Coil_AB1  用{A1=1;B1=1;C1=0;D1=0;}代替
    DelayMs(3);  //改变这个参数可以调整电动机转速,数字越小, 转速越大,力矩越小
    Coil_B1
    DelayMs(3);
    Coil_BC1
    DelayMs(3);
    Coil_C1
    DelayMs(3);
    Coil_CD1
    DelayMs(3);
    Coil_D1
    DelayMs(3);
    Coil_DA1
    DelayMs(3);
    j--;
    TempData[3]=j/4096;
    k=j%4096;
    TempData[2]=k/256;
    k=k%256;
    TempData[1]=k/16;
    TempData[0]=k%16;
    Display();
    while(j==0)
    {
        Display();
    }
  }
}
else
{
  while(1)              //逆时针转动
  {
    Coil_A1
    DelayMs(3);
    Coil_DA1
    DelayMs(3);
    Coil_D1
    DelayMs(3);
    Coil_CD1
    DelayMs(3);
    Coil_C1
    DelayMs(3);
    Coil_BC1
```

```
            DelayMs(3);
            Coil_B1
            DelayMs(3);
            Coil_AB1
            DelayMs(3);
            j--;
            TempData[3]=j/4096;
            k=j%4096;
            TempData[2]=k/256;
            k=k%256;
            TempData[1]=k/16;
            TempData[0]=k%16;
            Display();
            while(j==0)
            {
                Display();
            }
        }
    }
  }
}
/*----μs 延时函数,这里使用晶振 12 MHz,大致延时长度如下 T=tx2+5 μs -----*/
void DelayUs2x(unsigned char t)
{
   while(--t);
}
/*----ms 延时函数,使用晶振 12 MHz,延时约 1 ms----*/
void DelayMs(unsigned int t)
{
   while(t--)
   {
     DelayUs2x(245);
      DelayUs2x(245);
   }
}
/*--------- 显示函数,用于动态扫描数码管--------*/
void Display()
{
   unsigned char i,j;
   pa=0xff;              //位锁
   j=0xfe;
   for(i=0;i<6;i++)
   {
```

```
            pb=dofly_DuanMa[TempData[i]];      //输出段选码
            pa=j;                              //输出位选码
            DelayMs(2);
            pa=0xff;
            j=(j<<1)+1;
        }
    }
/*------按键扫描函数,返回键位值--------------*/
unsigned char KeyScan(void)                    //键盘扫描函数,使用行列逐级扫描法
{
    unsigned char i,j,k;
    pb=0xff;                                   //关闭显示
    pa=0x00;                                   //拉低
    i=pc&0x0f;
    if(i!=0x0f)                                //表示有按键按下
    {
        DelayMs(20);                           //去抖
        j=pc&0x0f;
        if(j==i)
        {                                      //表示有按键按下
            k=0xfe;                            //检测第一行
            for(i=0;i<8;i++)
            {
                pa=k;
                j=pc&0x0f;
                switch(j)
                {
                    case 0xe:k=0+i;goto key_1;break;
                    case 0xd:k=0x8+i;goto key_1;break;
                    case 0xb:k=0x10+i;goto key_1;break;
                    case 0x7:k=0x18+i;goto key_1;break;
                }
                k=(k<<1)+1;
            }
key_1:      if(k<0x10)
            {
                k=KEYTAB[k];
            }
        }
    }
    else  k=0x20;
    return k;
}
```

实验结果

全速运行程序后,显示 P.。按数字键可以进行设置:最高一位为方向(小于 80H 为顺时针方向,大于等于 80H 为逆时针方向),后四位为步距数;按 MON 键,步进电动机开始转动,步数逐渐减小到零时步进电动机停止。

思考题

1．步进电动机转动的速度如何控制？
2．步进电动机转动的方向如何控制？

4.10　ID 卡读卡器实验

实验目的

（1）熟悉 ID 卡的工作原理。
（2）掌握利用 51 单片机读取 ID 卡数据的基本方法。

实验内容

读取 ID 卡的卡号，通过数码管显示。

实验基础知识

1．ID 卡

ID 卡是一种非接触的只读卡，只能通过读卡器读出卡号（ID 号），而且卡号是固化的（不能修改），不能往卡的分区再写数据。EM（芯片厂家）的 ID 卡拥有 ID 卡绝对的占有率，性价比最好，所以又叫 EM 卡，或者 EM ID 卡。

ID 卡输出数据格式，如图 4-27 所示。

1	1	1	1	1	1	1	1	1
				D00	D01	D02	D03	P0
				D10	D11	D12	D13	P1
				D20	D21	D22	D23	P2
				D30	D31	D32	D33	P3
				D40	D41	D42	D43	P4
				D50	D51	D52	D53	P5
				D60	D61	D62	D63	P6
				D70	D71	D72	D73	P7
				D80	D81	D82	D83	P8
				D90	D91	D92	D93	P9
				PC0	PC1	PC2	PC3	S0

图 4-27　ID 卡的输出数据格式

其中：

- 数据头标志由连续 9 个"1"组成。
- D00～D93 为用户使用数据。
- P0～P9 为行偶检验标志位，例如若 D00～D03 为"0101"，则 P0 为"0"。
- PC0～PC3 为列偶检验标志位。
- 数据最后一位 S0 恒为"0"。

2．XN-K01 系列 ID 模块

XN-K01 系列的 125 kHz 非接触式 ID 卡专用模块是采用先进的射频接收线路设计及嵌入式微控制器，结合高效解码算法，完成对 64 bits Read-Only EM4100 兼容式 ID 卡的接收，具有接收灵敏度高，工作电流小，单直流电源供电，低价位高性能等特点，适用于门禁、考勤、收费、巡更等各种射频应用领域。其接口描述，如图 4-28 和表 4-4 所示。

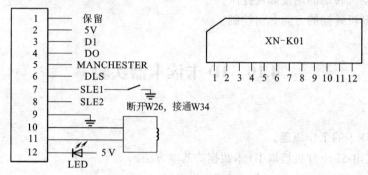

图 4-28　XN-K01 系列 ID 模块外形图

表 4-4　XN-K01 系列 ID 模块的接口描述

引脚号	名　　称	输入或输出	描　　述
1	保留		厂方保留，备用
2	5V	Input	+5V 电源
3	D1	Output	对应 Wiegand 之 DATA1 对应 ABA 之 CLK
4	D0	Output	对应 Wiegand 之 DATA0 对应 ABA 之 DAT 对应 TTL232 之 TX
5	MANCHESTER	Output	曼彻斯特码输出
6	DLS	Output	对应 ABA 之 DLS(卡到位)
7	SLE1	Input	选择　　　　　　　　　输出方式
8	SLE2	Input	SLE1，SLE2=00　　　TTL232 SLE1，SLE2=01　　　W34 SLE1，SLE2=10　　　ABA SLE1，SLE2=11　　　WG26
9	GND	Input	接地
10	ANT1	Input	连接线圈
11	ANT2	Input	
12	LED	Output	LED 输出

3．XN-K01 系列 ID 模块的输出数据格式

XN-K01 系列 ID 模块的输出数据格式有 4 种，由引脚 SLE1 和 SLE2 选择。

（1）TTL232 输出（SLE1，SLE2=00）。

TTL232 输出格式：1200，N，8，1。

数据格式：

STX(0x02)	DATA(10HEX)	CR(0x0D)	LF(0x0A)	ETX(0x03)

其中：DATA 为十位十六进制数据的 ASCII 码。

实例：

EM 卡数据位：　62　E3　08　6C　ED

DATA 为：0x36 0x32 0x45 0x33 0x30 0x38 0x36 0x43 0x45 0x44

发送序列：0x02 0x36 0x32 0x45 0x33 0x30 0x38 0x36 0x43 0x45 0x44 0x0D 0x0A 0x03。

(2) Wiegand 34 输出（SLE1，SLE2=01）。Wiegand 34 格式由 34 位数据构成，其中包括 32 bits 用户数据和 2 bits 检验位。32 bits 数据的前 16 位做偶检验，后 16 位做奇检验。对于 XN-K01125 接收模块而言，32bits 数据对应于 ID 卡 40 位用户数据的后 32 位，即 D20~D93。

数据输出格式和时序图参考 Wiegand 26。

(3) ABA Track2 输出（SLE1，SLE2=10）。

ABA Track2 数据输出格式如下：

数据头标志	起始字符	卡号	结束字符	行向和校验（LRC）	数据尾标志

其中：

- 每个字符都采用 5 位编码（1248P），前 4 位是十六进制代码（低位在先，高位在后），后 1 位 P 为奇检验。
- 数据头标志为 "00"。
- 起始字符为 "B"。
- 卡号为 0000000000~9999999999（10 位数字）。对应于 ID 卡 40 位用户数据的后 32 位，即 D20~D93，转换为 10 位十进制数据。
- 结束字符为 "F"。
- 行向和校验（LRC）为起始字符+卡号+结束字符的偶检验。
- 数据尾标志为 "0"。

发送的所有数据位为反码输出，即 0 为高电平，1 为低电平。

实例：

EM 卡号为：　62　E3　08　6C　ED

　　　　　　　　　E3　08　6C　ED (BIN) → 3808980205 (BCD)

发送序列：00000 00000 11010 11001 00010 00001 00010 10011 00010 00001 01000 00001 10101 11111 10001 00000。

ABA Track2 时序图，如图 4-29 所示。

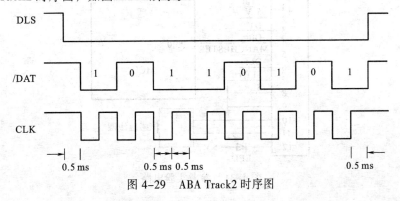

图 4-29　ABA Track2 时序图

（4）Wiegand 26 输出（SLE1，SLE2=11）

Wiegand 26 格式由 26 位数据构成，其中包括 24 bits 用户数据和 2 bits 校验位。24 bits 数据的前 12 位做偶检验，后 12 位做奇检验。对于 XN-K01 接收模块而言，24 bits 数据对应于 ID 卡 40 位用户数据的后 24 位，即 D40~D93。

输出数据格式如下：

PE、D40、D41、D42、D43、D50、D51、D52、D53、D60、D61、D62、D63、D70、D71、D72、D73、D80、D81、D82、D83、D90、D91、D92、D93、PO

其中 PE 为 D40~D63 的偶检验，PO 为 D70~D93 的奇检验。以下是时序图，如图 4-30 所示。

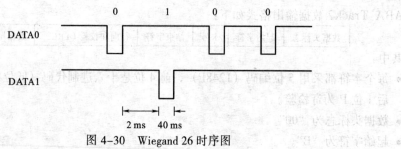

图 4-30　Wiegand 26 时序图

4．本实验采用 TTL232 数据格式，SLE1，SLE2 均接 GND。

显示器采用 8255A 扩展接口，电路参见 3.6 8255A 键盘与显示器接口实验。

8255A 的端口地址由 nCS、A0、A1 的接线确定，本实验假定端口地址分别为：

PA 口	0FF20H	显示字选控制口；
PB 口	0FF21H	显示段选码输出口；
PC 口	0FF22H	键盘扫描输入口；
控制口	0FF23H	

若不符合，请修改参考程序中的端口地址。

实验电路

实验电路如图 4-31 所示。

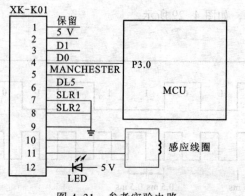

图 4-31　参考实验电路

参考程序流程图

参考程序流程图如图 4-32 所示。

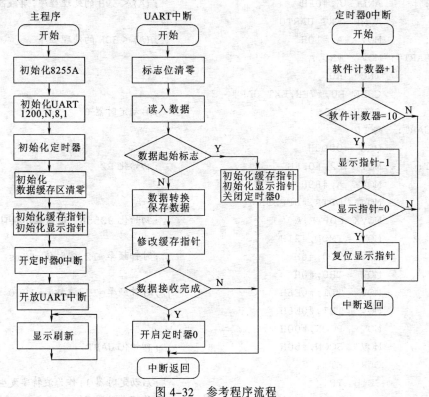

图 4-32 参考程序流程

参考汇编语言程序

```
            ORG  0000H
            LJMP START
            ORG  000BH
            LJMP INT_0
            ORG  0023H
INT_UART:   JBC  TI,INT_UART1          ;发送中断
            JBC  RI,INT_UART2          ;接收中断
INT_UART1:  RETI
INT_UART2:  MOV  A,SBUF
            CJNE A,#02H,INT_UART3      ;若(A)≠02H,则初始化缓存指针
            MOV  R0,#72H               ;初始化缓存指针
            MOV  R7,#75H               ;初始化显示指针
            CLR  TR0                   ;关闭定时器 0
            RETI
INT_UART3:  CJNE A,#30H,NEQ0           ;若(A)≠30H,则转移
            AJMP LOW1                  ;(A)=30H 的处理程序
NEQ0:       JC   LOW0
            CJNE A,#39H,NEQ1           ;(A)>30H 的处理程序,若(A)≠39H,则转移
            AJMP LOW1                  ;(A)=39H 的处理程序
```

```
NEQ1:      JC    LOW1
           SUBB  A,#37H              ;(A)>39H 的处理程序
LOW1:      ANL   A,#0FH              ;(A)<39H 的处理程序,屏蔽高 4 位
           AJMP  EXT_UART0
LOW0:      MOV   A,#10H              ;(A)<30H 的处理程序
EXT_UART0: MOV   @R0,A
           INC   R0
           CJNE  R0,#7FH,EXT_UART
           SETB  TR0                 ;启动定时器 0
EXT_UART:  RETI
           ORG   00D0H
START:     MOV   P2,#0FFH            ;初始化 P2
           MOV   A,#89H
           MOV   DPTR,#0FF23H
           MOVX  @DPTR,A             ;初始化 8255A  键盘显示接口
           MOV   TMOD,#21H
           MOV   TL0,#0H             ;时钟频率=12,定时值=65ms
           MOV   TH0,#0H
           MOV   TL1,#0E6H           ;时钟频率=12,波特率=1200
           MOV   TH1,#0E6H
           MOV   PCON,#00H
           MOV   SCON,#50H           ;初始化 UART
           CLR   ET1
           SETB  TR1                 ;启动定时器 1,作为波特率发生器
           CLR   TR0                 ;关闭定时器 0
;=====初始化显示缓存===
L0:        MOV   R0,#7FH
           MOV   A,#10H
LT1:       MOV   @R0,A
           DEC   R0
           CJNE  R0,#71H,LT1
           MOV   A,#14H
           MOV   @R0,A
           DEC   R0
           MOV   A,#11H
           MOV   @R0,A
           MOV   R7,#75H             ;初始化显示指针
;=====开中断===
           SETB  ES                  ;开 UART 中断
           SETB  ET0                 ;开定时器 0 中断
           SETB  EA
L1:        LCALL DIS                 ;显示
           SJMP  L1                  ;等待中断
;=====显示子程序========
DIS:       MOV   DPTR,#0FF20H        ;显示子程序
```

```
                MOV  A,#0FFH
                MOVX @DPTR,A
                INC  DPTR
                MOVX @DPTR,A
                MOV  A,R7
                MOV  R0,A                    ;显示缓存指针
                MOV  R2,#20H
                MOV  R3,#00H
                MOV  DPTR,#DISTAB
DIS_1:          MOV  A,@R0
                MOVC A,@A+DPTR               ;取段选码
                MOV  R1,#21H
                MOVX @R1,A                   ;输出段选码
                MOV  A,R2
                CPL  A
                DEC  R1
                MOVX @R1,A                   ;输出位选码
                CPL  A
                DEC  R0
DIS_2:          DJNZ R3,DIS_2                ;延时
                CLR  C
                RRC  A
                MOV  R2,A
                JZ   DIS_3
                MOV  A,#0FFH
                MOVX @R1,A                   ;关闭显示
                AJMP DIS_1
DIS_3:          INC  R1
                MOV  A,#0FFH
                MOVX @R1,A                   ;关闭显示
                RET
DISTAB:         DB   0C0H,0F9H,0A4H,0B0H,99H,92H,82H,0F8H ;0, 1, 2, 3, 4, 5, 6, 7
                DB   80H,90H,88H,83H,0C6H,0A1H,86H,8EH    ;8, 9, A, B, C, D, E, F
                DB   0FFH,0CH,89H,7FH,0BFH    ;全灭, P., H, ., -
;=====定时器 0 中断子程序========
INT_0:          INC  R6
                CJNE R6,#0AH,EXT_INT_0
                INC  R7
                CJNE R7,#0AH,EXT_INT_0
                MOV  R6,#0H
EXT_INT_0:      RETI
                END
```

参考 C 语言程序

```c
#include<reg52.h>                  //包含特殊功能寄存器定义的头文件
#include<absacc.h>                 //包含绝对地址访问的头文件
#define con XBYTE[0xff23]          //8255A 的控制口
#define pa XBYTE[0xff20]           //8255A 的 PA 口   键盘扫描输出/显示字选控制口
#define pb XBYTE[0xff21]           //8255A 的 PB 口   显示段选码输出口
#define pc XBYTE[0xff22]           //8255A 的 PC 口   键盘扫描输入口


unsigned char code dofly_DuanMa[]={0xc0,0xf9,0xa4,0xb0,0x99,0x92,0x82,0xf8,
0x80,0x90,0x88,0x83,0xc6,0xa1,0x86,0x8e,0xff,0x0c,0x89,0x7f,0xbf};
                                   //显示段码值 0~F
unsigned char TempData[]={0x10,0x10,0x10,0x10,0x10,0x10,0x10,0x10,0x10,0x10,
0x10,0x10, 0x10,0x10,0x14,0x11};   //显示缓存
unsigned char Temp_n=0x0d;         //缓存指针
unsigned char disp_n=0x0b;         //显示指针
unsigned char Time_n=0x0;          //软件计数器

void Display(unsigned char t);
void DelayUs2x(unsigned char t);   //μs 级延时
void DelayMs(unsigned int t);      //ms 级延时
void int_0 (void);                 //定时器 0 中断
void UART_SER (void);              //UART 中断

/*----------------主函数------------------------*/
void main (void)
{
    con=0x89;                      //初始化 8255A
    TMOD=0x21;
    TL0=0x0;                       //时钟频率=12,定时值=65ms
    TH0=0x0;
    TL1=0x0e6;                     //时钟频率=12,波特率=1200
    TH1=0x0e6;
    PCON=0x00;
    SCON=0x50;                     //初始化 UART
    ET1=0;
    TR1=1;                         //启动定时器 1, 作为波特率发生器
    TR0=0;                         //关闭定时器 0
    ES=1;                          //开 UART 中断
    ET0=1;                         //开定时器 0 中断
    EA=1;                          //开中断
    Temp_n=0x0d;                   //初始化缓存指针
    disp_n=0x0b;                   //初始化显示指针

    while(1)
    {
        Display(disp_n); //显示
    }
}

/*---------- 显示函数, 用于动态扫描数码管---------*/
void Display(unsigned char t)
{
```

```
   unsigned char i,j;
   pa=0xff;                              //位锁
   j=0xfe;
   for(i=t;i<t+6;i++)
   {
      pb=dofly_DuanMa[TempData[i]];      //输出段选码
      pa=j;                             //输出位选码
      DelayMs(2);
      pa=0xff;
      j=(j<<1)+1;
   }
}


/*----μs 延时函数，这里使用晶振 12MHz，大致延时长度如下 T=tx2+5 μs -----*/
void DelayUs2x(unsigned char t)
{
   while(--t);
}


/*----ms 延时函数，含有输入参数 unsigned char t，无返回值，使用晶振 12MHz----*/
void DelayMs(unsigned int t)
{
   while(t--)                            //延时约 1 ms
   {
      DelayUs2x(245);
      DelayUs2x(245);
   }
}


void int_0 (void) interrupt 1            // 定时器 0 中断
{
   Time_n++;
   if(Time_n==0x0a)
   {
      disp_n--;
      if(disp_n==0)
      {
         disp_n=0x0b;
      }
   }
}


void UART_SER (void) interrupt  4        //UART 中断
{
   unsigned char Temp;                   //定义临时变量

   if(RI)                                //判断是接收中断产生
   {
      RI=0;                              //标志位清零
      Temp=SBUF;                         //读入缓冲区的值
      if(Temp==0x02)                     //数据起始标志
      {
         Temp_n=0x0d;                    //初始化缓存指针
```

```
        disp_n=0x0b;                    //初始化显示指针
        TR0=0;                          //关闭定时器0
        goto exit_sub;
    }
    if(Temp>0x39)                       //数据>9
    {
        Temp=Temp-0x37;
    }
    if(Temp<0x30)                       //非数据
    {
        Temp=0x10;
    }
    TempData[Temp_n]=Temp;              //保存数据
    Temp_n--;
    if(Temp_n==0)
    {
        TR0=1;                          //开启定时器0
    }
}
exit_sub:
    if(TI)                              //如果是发送标志位,清零
        TI=0;
}
```

实验结果

全速运行程序后,首先显示"P.-"。读卡后,数码管滚动显示"P.-×××××××××",后十位为卡号。

思考题

如果数据格式改为 Wiegand 26 输出,如何修改接线和程序?

第5章 课程设计

　　课程设计是专业教学培养计划中十分重要的实践性教学环节，是学生巩固所学的基础知识、培养实践动手能力、理论联系实际的重要实践课程。课程设计的课题一般都不很复杂，但却是一个完整的系统，能够使学生得到一个系统的训练。

5.1　课程设计的基本目标

　　通过课程设计可以使学生达到以下能力的训练：
　　(1) 调查研究、分析问题的能力；
　　(2) 使用设计手册、技术规范的能力；
　　(3) 查阅中外文献的能力；
　　(4) 制定设计方案的能力；
　　(5) 接口电路应用的能力；
　　(6) 软件设计的能力；
　　(7) 系统调试的能力；
　　(8) 语言文字表达的能力。

5.2　课程设计的基本步骤

1. 接受任务

　　由指导教师下发课程设计任务书。课程设计任务书应包括：课题的名称；课题的意义；课题的具体任务与要求；参考资料等情况。

2. 理论设计

　　理论设计主要包括方案论证、硬件系统设计和软件系统设计。
　　(1) 方案论证。
　　"以应用为中心"是嵌入式应用系统的基本特点，在开发设计单片机应用系统时，必须充分体现"以应用为中心"这一特点，这就需要充分了解用户的需求。在这里就是要明确设计的任务。
　　首先，必须明确要设计的系统是用来干什么的，需要具备哪些功能？由此可以设定系统由哪些功能模块构成，从而确定系统的设计规模和总体框架。
　　其次，必须明确该系统的使用者是谁？他希望如何使用？画出使用流程图。由此可以确定系统的控制流程和软件模块。

（2）硬件系统设计。

硬件系统的设计主要包括处理器芯片的选择、各个功能部件的选择和接口的设计。在这里应该尽可能地利用实验仪的硬件资源，进行合理的逻辑组合，设计出满足课题要求的硬件电路。

（3）软件系统设计。

应用系统中任务的实现，最终是靠程序的执行来完成的。应用软件设计的好坏，将决定系统的使用效率和它的优劣。应用软件的设计依据是使用流程。根据使用流程可以确定系统的控制流程和软件模块。

3．实验

前面完成了理论设计，是否符合任务的要求还需要通过实验来验证。实验的基本操作如下：

① 根据设计的硬件电路，进行组装。

② 仿真调试应用程序，直至满足任务的要求为止。

4．编写课程设计说明书

课程设计说明书应包括以下内容：

① 封面（包括：学生班级、姓名、题目名称、指导教师）。

② 前言（用简短的文字介绍设计的背景及意义、要解决的主要问题、设计的成果等）。

③ 目录。

④ 课程设计任务书（由教师提供并签名）。

⑤ 正文（包括：方案论证、硬件系统设计和软件系统设计的说明文档）。

⑥ 小结（包括收获、体会、不足及存在的问题）。

⑦ 参考文献。

⑧ 附录：全部或主要源程序。

5.3　课程设计示例

下面以"工业顺序控制器"为例，说明课程设计的全过程。帮助读者进一步理解单片机应用系统的开发过程与设计原则，使之对单片机应用系统的开发有更加清楚的整体认识。

5.3.1　方案论证

1．了解用户的需求，确定设计规模和总体框架

首先，必须明确要设计的系统是用来干什么的，需要具备哪些功能。由此可以设定系统由哪些功能模块构成，从而确定系统的设计规模和总体框架。

（1）系统的基本功能。

在工业控制中，有一些连续的生产过程，按照顺序有规律地完成预定的动作，这类连续生产过程的控制称为顺序控制。例如：注塑机的工艺过程大致按"合模→注射→延时→开模→产伸→产退"的顺序动作。本课题要求设计一种工业顺序控制器。

首先需要明确：是设计一个专用的工业顺序控制器，还是一个通用的工业顺序控制器。

专用的工业顺序控制器是为某特定的工业控制而设计，为此需要有明确的应用对象（应用

目标），按照该应用对象的具体要求（循环控制的步数、每一步的延时值、每一步的输出值）进行设计。

通用的工业顺序控制器可以用于不同的工业控制，为此需要有可供用户编程（由用户自己设定循环控制的步数、每一步的延时值，每一步的输出值）的功能。

在这里，假定设计的目标是一个通用的工业顺序控制器。

（2）系统的主要功能模块。由系统的基本功能，可以设定系统的主要模块由：一个控制模块、一个用户编程模块、一个存储器模块、一个键盘输入模块和一个输出驱动模块构成。

- 控制模块：系统的控制中心，用来控制系统的操作与运行。
- 用户编程模块：由用户自己设定循环控制的步数、每一步的延时值、每一步的输出值。
- 存储器模块：用于存放用户编程设定数据。
- 键盘输入模块：用于操作者对机器的控制操作。
- 输出驱动模块：用于实现对机器的控制。

（3）系统的组成框图。根据系统的功能要求，可以得到系统的组成框图，如图 5-1 所示。

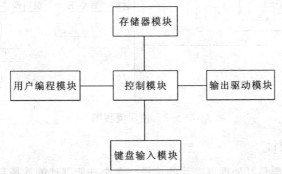

图 5-1　通用的工业顺序控制器系统框图

2．顺序控制器的操作流程

首先，必须明确该模块如何使用，画出使用流程图。由此可以确定系统的控制流程和软件模块。

（1）如何使用。顺序控制器在加电后，首先要确定是用户编程还是自动运行，这两个状态的确定可以由一个转换开关来控制。

① 用户编程状态下的操作：

在用户编程状态下，用户可以通过编程器来设定循环控制的步数、每一步的延时值、每一步的输出值。

编程器主要由数码显示器和键盘构成，参考界面如图 5-2 所示。数码显示器用来显示当前编程的步序号、延时时间和输出值；键盘用来设置当前编程步序的延时时间和输出值。

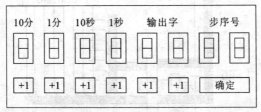

图 5-2　编程器界面

刚进入编程操作时，显示器显示全部为"0"，用户通过按+1 键，来设置当前编程步序的延时时间和输出值。按一次+1键，相应的数码显示+1，时间"分""秒"采用六十进制，两位输出字分别采用十六进制，步序号采用十进制。按"确定"键，进入下一步。

② 自动运行状态下的操作：

进入自动运行状态，系统首先关闭输出。用户可以通过"启动/停止"键启动系统，启动后系统自动地按照用户编程设定参数进行循环顺序控制。在工作过程中，用户可以通过"启动/停止"键停止系统工作，也可以通过"暂停/恢复"键暂停或恢复系统的工作。

（2）使用流程。根据使用状态，可以画出使用流程图，如图5-3所示。

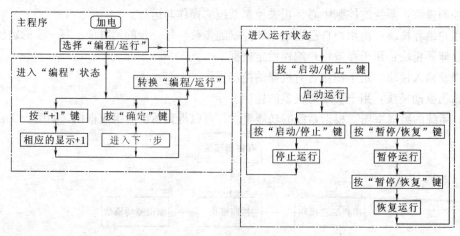

图5-3　使用流程图

5.3.2　硬件系统的设计

硬件系统的设计主要包括处理器芯片的选择、各个功能部件的选择和接口的设计。

1．控制模块的选择

这里对接口没有特殊的要求，所以处理器芯片选择比较简单，可以从价格和可靠性方面考虑，选择一般的51单片机即可。例如：选择AT89S51。

2．用户编程模块的设计

用来由用户自己设定循环控制的步数、每一步的延时值、每一步的输出值。编程模块主要由8位LED数码管和7个按键构成，如图5-4所示。

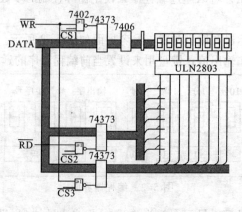

图5-4　编程模块电路图

3．存储器模块

用于存放用户编程设定数据，这里可以采用 28C64 扩展片外 RAM。

4．键盘输入模块

用于操作者对机器的控制操作，其电路图如图 5-5 所示。通过操作流程可以看出，操作者对机器的控制操作有 3 种：

- 选择"编程/运行"，这里可以采用一个转换开关。
- "启动/停止"操作，这里可以采用一个按键。
- "暂停/恢复"操作，这里可以采用一个按键。

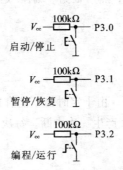

图 5-5　键盘输入模块电路图

5．输出驱动模块

用于实现对机器的控制，由于输出需要驱动强电执行元件，所以采用继电器输出驱动。本设计确定为 8 路输出，通过 P1 口输出，其一路继电器输出电路，如图 5-6 所示。

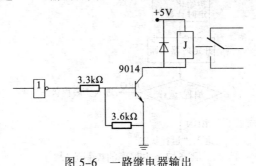

图 5-6　一路继电器输出

6．接口的设计

将硬件系统的各个功能模块与微处理器连接在一起，以构成满足对象全部要求的单片机硬件环境。

编程模块通过数据总线与单片机连接，显示的段选控制 $\overline{CS1}$、位选控制 $\overline{CS3}$ 和键盘输入控制信号分别连接地址译码电路，分别由地址 4000H、6000H、8000H 控制选通。

存储器模块也通过数据总线与单片机连接，分配地址空间为 0000～1FFFH。

键盘输入模块的 3 个按键分别连接单片机的 P3.0、P3.1 和 P3.2 口。

输出驱动模块连接单片机的 P1 口。

5.3.3 应用软件的设计

应用系统中任务的实现，最终是靠执行程序来完成的。应用软件设计的好坏，将决定系统的效率和它的优劣。

应用软件的设计依据是使用流程。根据使用流程可以确定系统的控制流程和软件模块。根据顺序控制器的操作流程可以确定，本系统软件主要由 4 个模块：主程序模块、编程控制模块、运行控制模块和定时器中断服务模块构成。

1. 主程序模块

主程序的任务首先是进行初始化，然后根据"编程/运行"开关的状态判别，进入"编程状态"或"运行状态"。

初始化的工作主要包括：

● 关闭输出。

● 设置定时计数器 0。

作为计时的基准，需要有秒信号，由于定时器不能直接产生秒信号，所以采用软件计数器辅助。首先将定时器 0 设置为 100 ms 产生一次中断，每次中断都让软件计数单元+1，加到 10，1 s 时间到。

● 开定时器 0 中断。

根据主程序的操作流程，可以确定主程序的控制流程，如图 5-7 所示。

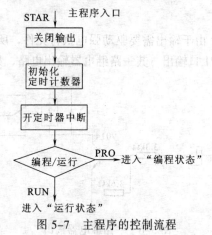

图 5-7 主程序的控制流程

主程序设计如下：

```
STAR: MOV P1, #0FFH        ;关闭输出
      MOV TMOD,#01H        ;定时器 0 设置为方式 1,软件启动
      MOV TH0,#3DH         ;假定时钟频率为 6 MHz,定时为 100 ms
      MOV TL0,#0B0H
      MOV IE,#82H          ;开定时器 0 中断
      JNB P3.2, PRO        ;转入"编程状态"
RUN:                       ;进入"运行状态"
```

2. 编程控制模块

根据编程状态的操作流程，可以确定编程操作的控制流程如图 5-8 所示。

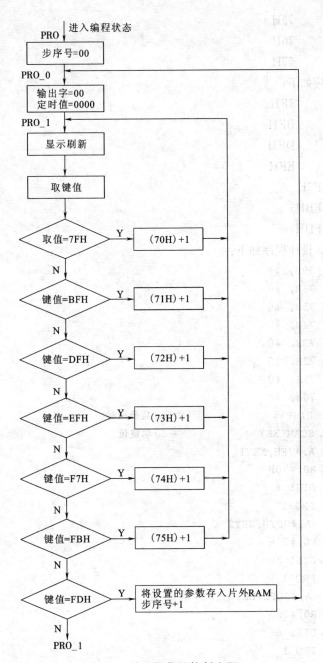

图 5-8　编程操作的控制流程

其中，我们确定 8 个 LED 数码管的显示缓存和按键的键值如下：

8 个 LED 数码管的显示缓存对应如下：

10 分	70H
1 分	71H
10 秒	72H
1 秒	73H
输出字高位	74H

输出字低位　　　　75H

步序号十位　　　　76H

步序号个位　　　　77H

按键的键值对应如下：

10 分+1　　　　　7FH

1 分+1　　　　　　BFH

10 秒+1　　　　　DFH

1 秒+1　　　　　　EFH

输出字高位+1 F7H

输出字低位+1 FBH

确认　　　　　　FDH

根据控制流程，设计程序如下：

```
PRO:    MOV   77H, #0
        MOV   76H, #0
PRO_0:  MOV   75H, #0
        MOV   74H, #0
        MOV   73H, #0
        MOV   72H, #0
        MOV   71H, #0
        MOV   70H, #0
PRO_1:  LCALL DISP              ;显示刷新
        LCALL SCAN_KEY          ;取键值
        CJNE  A,#7FH,KEY1
        MOV   R0,#70H
        LCALL DIS1_6
        LJMP  PRO_1
KEY1:   CJNE  A,#0BFH,KEY2
        MOV   R0,#71H
        LCALL DIS1_10
        LJMP  PRO_1
KEY2:   CJNE  A,#0DFH,KEY3
        MOV   R0,#70H
        LCALL DIS1_6
        LJMP  PRO_1
KEY3:   CJNE  A,#0EFH,KEY4
        MOV   R0,#71H
        LCALL DIS1_10
        LJMP  PRO_1
KEY4:   CJNE  A,#0F7H,KEY5
        INC   74H
        LJMP  PRO_1
KEY5:   CJNE  A,#0FBH,KEY6
        INC   75H
```

```
        LJMP   PRO_1
KEY6:   CJNE   A,#0FDH, PRO_1
        MOV    R0,#76H
        LCALL  D_10_2
        MOV    R2, A
        RL     A
        ADD    A,R2
        MOV    DPH,#0
        JNC    L3
        ADD    DPH,#1
L3:     MOV    DPL,A
        MOV    R0,#70H
        LCALL  D_10_2              ;写"分"
        MOVX   @DPTR,A
        INC    R0
        INC    DPTR
        LCALL  D_10_2              ;写"秒"
        MOVX   @DPTR,A
        INC    DPTR
        MOV    A,74H
        SWAP   A
        ADD    A,75H
        MOVX   @DPTR,A             ;写控制字
        MOV    R0,#77H
        LCALL  DIS1_10
        JNZ    L4
        MOV    R0,#76H
        LCALL  DIS1_10
L4:     LJMP   PRO_0

;六进制+1 子程序
DIS1_6: MOV    A,@R0
        INC    A
        CJNE   A,#6,L1
        CLR    A
L1:     MOV    @R0,A
        RET

;十进制+1 子程序
DIS1_10:MOV    A,@R0
        INC    A
        CJNE   A,#10,L2
        CLR    A
L2:     MOV    @R0,A
        RET
```

```
;地址生成子程序
D_10_2:     MOV    A,@R0
            RL     A
            MOV    R2,A
            INC    A
            INC    A
            ADD    A,R2
            INC    R0
            ADD    A,@R0
            RET


;取键值子程序
SCAN_KEY:   MOV    A,#0FFH
            MOV    DPTR, #4000H
            MOVX   @DPTR,A
            MOV    DPTR, #6000H
            MOVX   @DPTR,A
            MOV    DPTR, #8000H
            MOVX   A, @DPTR
            RET


;显示刷新子程序
DISP:       MOV    A,#0FFH
            MOV    DPTR,#4000H
            MOVX   @DPTR,A
            MOV    R0,#70H
            MOV    R3,#01H
DIS1:       MOV    A,R3
DIS2:       MOV    DPTR,#6000H
            MOVX   @DPTR,A
            MOV    A,@R0
            ADD    A,#19H
            MOVC   A,@A+PC
            MOV    DPTR,#4000H
            MOVX   @DPTR,A
            ACALL  DELA
            INC    R0
            MOV    A,R3
            JB     ACC.7,DIS3
            RL     A
            MOV    R3,A
            AJMP   DIS2
DIS3:       RET
DELA:       MOV    R7,#01H
DEL1:       MOV    R6,#0FFH
```

```
DEL2:       DJNZ  R6,DEL2
            DJNZ  R7,DEL1
            RET
            DB    0C0H,0F9H,0A4H,0B0H,99H,92H,82H,0F8H  ;0、1、2、3、4、5、6、7
            DB    80H,90H,88H,83H,0C6H,0A1H,86H,8EH     ;8、9、A、B、C、D、E、F
            DB    0BFH,0FFH  ;-、全灭、
```

3. 运行控制模块

根据运行状态的操作流程，可以确定运行操作的控制流程如图 5-9 所示。

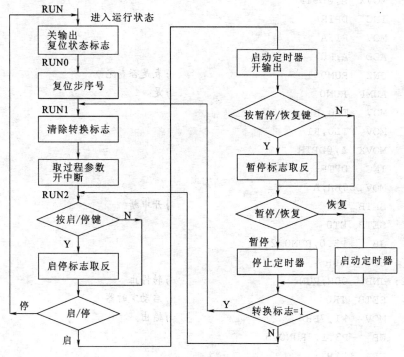

图 5-9　运行操作的控制流程

其中，定义了几个状态标志和缓存如下：

状态标志		缓存	
00H	启停标志	79H	定时参数"分"
	0—停止	7AH	定时参数"秒"
	1—启动	7BH	输出控制字
01H	暂停标志	7CH	步序号
	0—运行	78H	软件计数器
	1—暂停		
02H	转换标志		
	0—不转换		
	1—转换		

根据控制流程，设计程序如下：

```
RUN:      MOV    P1, #0FFH                    ;关输出
          MOV    20H, #0                      ;复位状态标志
RUN0:     MOV    DPTR,#0
          MOV    7CH, #0                      ;复位步序号
RUN1:     CLR    02H                          ;清除转换标志
          MOVX   A,@DPTR
          MOV    R0,A
          INC    DPTR
          MOVX   A,@DPTR
          INC    DPTR
          MOV    R1,A
          ADD    A,R0
          JNZ    RUN0_1                       ;表是否查完
          AJMP   RUN0                         ;是
RUN0_1:   MOV    TH0,R0
          MOV    TL0,R1
          MOVX   A,@DPTR
          INC    DPTR
          MOV    7BH,A
          SETB   EA                           ;开中断
          SETB   ET0
RUN2:     JB     P3.0,RUN0_2
          CPL    00H
RUN0_2:   JNB    00H,RUN                      ;转停止
          SETB   TR0                          ;启动定时器
          MOV    P1,7BH                       ;输出
          JB     P3.1, RUN0_3
          CPL    01H
RUN0_3:   JNB    01H, RUN0_4
          CLR    TR0                          ;停止定时器
          JNB    02H,RUN2                     ;等待中断
          AJMP   RUN1
RUN0_4:   SETB   TR0                          ;启动定时器
          JNB    02H, RUN2                    ;等待中断
          AJMP   RUN1
```

4. 定时器中断服务模块

定时器中断服务的基本任务是：判别延时时间是否到，若时间到，则置转换标志 (02H)=1。由于定时器 0 每 0.1 s 产生一次中断，根据任务可以确定中断服务的控制流程如图 5-10 所示。

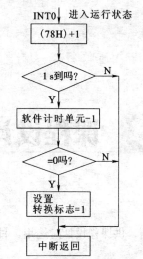

图 5-10　中断服务的控制流程

根据控制流程，设计程序如下：

```
INT0:      MOV   R0,#78H
           INC   @R0
           CJNE  @R0, #10, INT0_1
           RETI
INT0_1:    MOV   A,7AH
           CJNE  A, #0, INT0_2
           MOV   7AH, #59
           DEC   79H
           AJMP  INT0_3
INT0_2:    DEC   7AH
INT0_3:    MOV   A, 79H
           ADD   A,7AH
           JNZ   INT0_4
           SETB  02H
INT0_4:    RETI
```

第6章 课程设计课题

本章安排了一些应用系统的课题，供课程设计时选用，目的在于培养学生的系统设计能力。

6.1 电 子 钟

1. 设计的主要内容

设计一个电子钟，利用四个数码管，在其上显示分、秒；用4个按键分别进行分+1、分-1、秒+1、秒-1改变时间值的控制。

2. 设计参考

（1）设计一个1 s时钟，作为时间的基准。可通过定时器来实现，由于定时限制，可以设定定时时钟为50 ms中断一次，然后用一个计数器计数20次，即50 ms×20=1 000 ms=1 s。

（2）"分"与"时"都可采用软件计数器来实现。60 s为1 min，60 min为1 h。

（3）由于实际应用中要求显示为十进制数，而在程序中处理的数据都为十六进制，因此在程序中要对显示缓冲区的数据进行十进制调整。

6.2 交 通 灯

1. 设计的主要内容

使用 8255A 的 A 口和 B 口模拟十字路口交通灯的闪烁情况。

2. 设计参考

（1）通过 8255A 控制发光二极管，PB4~PB7 对应黄灯，PC0~PC3 对应红灯，PC4~PC7 对应绿灯，以模拟交通路灯的管理。

（2）要完成本实验，必须先了解交通路灯的亮灭规律，设有一个十字路口1、3为南北方向，2、4为东西方向，初始状态为四个路口的红灯全亮，之后，1、3路口的绿灯亮，2、4路口的红灯亮，1、3路口方向通车，延时一段时间后，1、3路口的绿灯熄灭，而1、3路口的黄灯开始闪烁，闪烁若干次以后，1、3路口红灯亮，而同时 2、4 路口的绿灯亮，2、4 路口方向通车，延时一段时间后，2、4 路口的绿灯熄灭，而黄灯开始闪烁，闪烁若干次以后，再切换到1、3路口方向，之后，重复上述过程。

控制时序图，如图 6-1 所示。

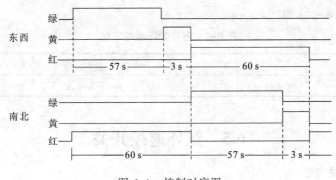

图 6-1　控制时序图

(3) 交通灯控制系统相当于一个复杂的时间定时器,指定的时间内执行相应的动作。

本程序设计中有几个要点:

(1) 设计一个 1 s 时钟,用于倒计时,可通过定时器来实现,由于定时限制,可以设定定时时钟为 50 ms 中断一次,然后用一个计数器计数 20 次,即 50 ms×20=1 000 ms=1 s。

(2) 由于实际应用中要求倒计时显示为十进制数,而在程序中处理的数据都为十六进制,因此在程序中要对显示缓冲区的数据进行十进制调整。

(3) 本程序中最复杂的部分是在倒计时最后 3 s 时的绿灯与黄灯的切换,显示;以及东西、南北方向倒计时显示缓冲区在 60 s 后初始互换。

6.3　彩灯控制器

1. 设计的主要内容

设计一种彩灯控制方案,实现对 LED 彩灯的控制。根据用户需要可以编写若干种亮灯模式,根据各种亮灯时间的不同需要,在不同时刻输出灯亮或灯灭的控制信号,然后驱动各种颜色的灯亮或灭。

2. 设计参考

(1) 每一种亮灯模式,彩灯亮与灭的状态,可以按照变化的规律做成一个表,通过查表可知灯光的变化规律。

(2) 设计一个定时器,用来控制灯光的变化。

6.4　电　子　琴

1. 设计的主要内容

设计一个电子琴,使用数字键 1、2、3、4、5、6、7 作为电子琴键,按下数字键发出相应的音调。

2. 设计参考

(1) 根据音阶频率表,利用定时器可以产生相应频率的脉冲信号,不同频率的脉冲信号经驱动电路放大后,就会产生不同的音调。

(2) 对于每个按键的音调发音时间由软件延时控制,如键一直按下,就会连续发音。各音阶标称频率值，如表 6-1 所示。

表 6-1　各音阶标准频率值

音阶	1	2	3	4	5	6	7
频率/Hz	440.00	493.88	554.37	587.33	659.26	739.99	830.61

6.5　红外遥控开关

1．设计的主要内容

设计一个多路红外遥控开关，利用市售彩电红外遥控器（以编码芯片 LC7461 为例），发送遥控器键盘数字信号，控制器接收解码，控制相应的输出。

2．设计参考

（1）红外遥控系统。通用红外遥控系统由发射和接收两部分组成，应用编/解码专用集成电路芯片来进行控制操作，如图 6-2 所示。发射部分包括键盘矩阵、编码调制、LED 红外发送器；接收部分包括光电转换放大器、解调、解码电路。

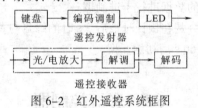

图 6-2　红外遥控系统框图

（2）遥控发射器及其编码。遥控发射器专用芯片很多，根据编码格式可以分成脉冲宽度调制和脉冲相位调制两大类。这里以运用广泛，解码容易的脉冲宽度调制来加以说明，现以 LC7461 组成发射电路为例说明编码原理。当发射器按键按下后，即有遥控码发出，所按的键不同遥控编码也不同。这种遥控码具有以下特征：

采用脉宽调制的串行码，以脉宽为 0.565 ms、间隔 0.56 ms、周期为 1.125 ms 的组合表示二进制的"0"；以脉宽为 0.565 ms、间隔 1.685 ms、周期为 2.25 ms 的组合表示二进制的"1"，上述"0"和"1"组成的 42 位二进制码经 38 kHz 的载频进行二次调制，达到降低电源功耗，提高发射效率的目的。然后再通过红外发射二极管产生红外线向空间发射，7461 产生的遥控编码是连续的 42 位二进制码组，其中前 26 位为用户识别码，能区别不同的红外遥控设备，防止不同机种遥控码互相干扰。后 16 位为 8 位的操作码和 8 位的操作反码用于核对数据是否接收准确。

当遥控器上任意一个按键按下超过 36 ms 时，LC7461 芯片的振荡器使芯片激活，发射一个特定的同步码头，对于接收端而言就是一个 9 ms 的低电平，和一个 4.5 ms 的高电平，这个同步码头可以使程序知道从这个同步码头以后可以开始接收数据。

解码的关键是如何识别"0"和"1"，从位的定义可知"0"、"1"均以 0.56 ms 的低电平开始，不同的是高电平的宽度不同，"0"为 0.56 ms；"1"为 1.68 ms，所以必须根据高电平的宽度区别"0"和"1"。如果从 0.56 ms 低电平过后，开始延时，0.56 ms 以后，若读到的电平为低，说明该位为"0"，反之则为"1"，为了可靠起见，延时必须比 0.56 ms 长些，但又不能超过 1.12 ms，否则如果该位为"0"，读到的已是下一位的高电平，因此取

[（1.12 ms+0.56 ms）／2]=0.84 ms 最为可靠，一般取 0.84 ms 即可。

根据红外编码的格式，程序应该等待 9 ms 的起始码和 4.5 ms 的结果码完成后才能读码。

（3）接收器及解码。LT0038 是塑封一体化红外线接收器，它是一种集红外线接收、放大、整形于一体的集成电路，不需要任何外接元件，就能完成从红外线接收到输出与 TTL 电平信号兼容的所有工作，没有红外遥控信号时为高电平，收到红外信号时为低电平，而体积和普通的塑封三极管大小一样，它适合于各种红外线遥控和红外线数据传输。

6.6　电子温度计

1. 设计的主要内容

利用数字温度传感器 DS18B20 设计一个电子温度计,通过数码管来实时显示测得的温度值。

2. 设计参考

（1）DS18B20 是 1-wire 器件，1-wire 单总线是 Maxim 全资子公司 Dallas 的一项专有技术，与目前多数标准串行数据通信方式，如 SPI/IIC/MICROWIRE 不同，它采用单根信号线，既传输时钟，又传输数据，而且数据传输是双向的。它具有节省 I/O 口线资源，结构简单，成本低廉，便于总线扩展和维护等诸多优点。

（2）DS18B20 的性能特点。

- 采用单总线专用技术，既可通过串行口线，也可通过其他 I/O 口线与微机接口，无须经过其他变换电路，直接输出被测温度值（9 位二进制数，含符号位）。
- 测温范围为 −55℃ ~ +125℃，测温分辨率为 0.0625℃。
- 内含 64 位经过激光修正的只读存储器 ROM。
- 用户可分别设定各路温度的上、下限。
- 内含寄生电源。

（3）DS18B20 的内部结构。

DS18B20 内部结构主要由四部分：64 位光刻 ROM；温度传感器；非挥发的温度报警触发器 TH 和 TL；高速暂存器组成。DS18B20 的管脚排列如图 6-3 所示：

① 64 位光刻 ROM。光刻 ROM 中的 64 位序列号是出厂前被光刻好的，它可以看做是该 DS18B20 的地址序列码。64 位光刻 ROM 的排列是：开始 8 位（28H）是产品类型标号，接着的48 位是该 DS18B20 自身的序列号，最后 8 位是前面 56 位的循环冗余检验码（CRC=X8+ X5+X4+1）。光刻 ROM 的作用是使每一个 DS18B20 都各不相同，这样就可以实现一根总线上挂接多个DS18B20 的目的。

② 高速暂存器，寄存器种类及作用如表 6-2 所示。

图 6-3　DS18B20 的管脚排列

表 6-2　寄存器种类及作用

序　　号	寄存器名称	作　　用	序　　号	寄存器名称	作　　用
0	温度低字节	以 16 位补码	4、5	4 为配置寄存器	5 保留
1	温度高字节	形式存放	6	计数器余值	

序　号	寄存器名称	作　用	序　号	寄存器名称	作　用
2	TH/用户字节 1	存放温度上限	7	计数器/℃	
3	TH/用户字节 2	存放温度下限	8	CRC 冗余检验	保证通信正确

③ 以 12 位转化为例说明温度高低字节存放形式及计算，如表 6-3 所示。12 位转化后得到的 12 位数据，存储在 18B20 的两个高低两个 8 位的 RAM 中，二进制中的前面 5 位 S 是符号位。如果测得的温度大于 0，这 5 位为 0，只要将测到的数值乘于 0.0625 即可得到实际温度；如果温度小于 0，这 5 位为 1，测到的数值需要取反加 1 再乘于 0.0625 才能得到实际温度。

表 6-3　高低字节存放形式

低八位	2^3	2^2	2^1	2^0	2^{-1}	2^{-2}	2^{-3}	2^{-4}
高八位	S	S	S	S	S	2^6	2^5	2^4

④ 配置寄存器，如表 6-4 所示。

表 6-4　配置寄存器

TM	R0	R1	1	1	1	1	1

TM 是测试模式位，用于设置 DS18B20 处于工作模式还是测试模式。被设置为 0，用户不要去改动。

R1 和 R0 用于设置分辨率，如表 6-5 所示。

表 6-5　分辨率设置

R1、R0	分辨率	温度最大转换时间	R1、R0	分辨率	温度最大转换时间
00	9 位	93.75 ms	10	11 位	375 ms
01	10 位	187.5 ms	11	12 位	750 ms

⑤ DS18B20 控制方法。根据 DS18B20 的通信协议，主机控制 DS18B20 完成温度转换必须经过三个步骤：每一次读写之前都要对 DS18B20 进行复位，复位成功后发送一条 ROM 指令，最后发送 RAM 指令，这样才能对 DS18B20 进行预定的操作。复位要求主 CPU 将数据线下拉 500 μs，然后释放，DS18B20 收到信号后等待 16~60 μs，后发出 60~240 μs 的低脉冲，主 CPU 收到此信号表示复位成功。

在硬件上，DS18B20 与单片机的连接有两种方法，一种是 Vcc 接外部电源，GND 接地，I/O 与单片机的 I/O 线相连；另一种是用寄生电源供电，此时 UDD、GND 接地，I/O 接单片机 I/O。无论是内部寄生电源还是外部电源供电，I/O 口线要接 5 kΩ 的上拉电阻。

（4）DS18B20 功能命令集，如表 6-6 所示。

表 6-6　DS18B20 功能命令集

命　令	描　述	命令代码	发送命令后，单总线上的响应信息	注释
温度转换命令				
转换温度	启动温度转换	44h	无	1
存储器命令				
读暂存器	读全部的暂存器内容，包括 CRC 字节	BEh	DS18B20 传输多达 9 个字节至主机	2

续表

命　令	描　　述	命令代码	发送命令后，单总线上的响应信息	注释
写暂存器	写暂存器第 2、3 和 4 个字节的数据（即 T_H、T_L 和配置寄存器）	4Eh	主机传输 3 个字节数据至 DS18B20	3
复制暂存器	将暂存器中的 T_H、T_L 和配置字节复制到 EEPROM 中	48h	无	1
回读 EEPROM	将 T_H、T_L 和配置字节从 EEPROM 回读至暂存器中	B8h	DS18B20 传送回读状态至主机	

6.7　微型电子秤

1．设计的主要内容

利用组合型压力传感器设计一个微型电子秤，通过数码管来实时显示所测得的质量。

2．设计参考

压力传感器表面金属片在外力的作用下发生变形，导致电阻应变片电阻值的变化，用力越大，电阻变化越大，图 6-4 为应变片电桥测量电路，由应变片电阻 $R1$ 和另外三个电阻 $R2$、$R3$、$R4$ 构成桥路，当电桥平衡时（电阻应变片未受到力的作用时），$R1=R2=R3=R4=R$，此时电桥的输出 $U_o \approx 0$，当应变片受力后，$R1$ 发生变化，使 $\dfrac{R1}{R3} \neq \dfrac{R2}{R4}$，电桥输出 $U_o \neq 0$。

该微弱的电压信号经 LM324 运算放大器放大到 $0 \sim 5\text{ V}$，$0 \sim 5\text{ V}$ 对应 $0 \sim 1\,020\text{ g}$，RW2 为调零电位器，当电桥平衡时，VP 输出应调到 0 V，由 VP 端输出，作为 ADC0809 的模拟量输入信号。（即 VP 输出作为 ADC0809 实验的输入端，接 IN0）模拟量到数字量转换实验请参见有关 A/D 转换实验。当压力变化时，数码管上显示的电压值作相应变化，根据上述工作原理，当被测质量是 $0 \sim 1\,020\text{ g}$ 时，先将压力分度值制成分度值表，由电压值的变化通过软件查表法查出对应力值，显示在数码管上。假设 $0 \sim 5\text{ V}$ 电压近似正比于 $0 \sim 1\,020\text{ g}$。（调整 R12 的大小可改变 VP 输出增益的大小）。

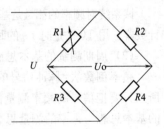

图 6-4　应变片电桥测量电路

6.8　数字式波形发生器

1．设计的主要内容

应用单片机技术，通过巧妙的软件设计和简易的硬件电路，实现数字式的波形发生器。具有显示输出波形及粗调频率和幅度的功能。

2．设计参考

（1）方波形成原理。

方波就是在一个波形输出周期内输出一个高电平和一个低电平，通常是每半个周期输出一个高电平，另半个周期输出低电平。

输出的高低电平的宽度由定时器 B 确定，定时器的初值由波形频率确定，即定时的时间是波形周期的一半。先输出高电平并启动定时器，定时到则输出低电平并再次启动定时器，定时到则输出高电平并在启动定时器……

(2) 三角波形成原理。

可以用数学上分割的思想，将斜线分割成很多小段，每一小段用直线代替，这样三角波的上升沿和下降沿由很多个小阶梯构成，由于阶梯很多则阶梯就很小，看上去三角波的上升沿和下降沿可以近似为直线，

那么这样的波形便可以近似为三角波。按照这种原理，三角波的问题就可以转换成方波的问题来解决，即用定时输出，每个阶梯进行定时并输出对应的电平。这里和方波不同的是，每次定时完后不是在高低电平两者切换，而是输出的电平是按一定的步进值进行递增和递减。

6.9 数字频率计

1. 设计的主要内容

应用单片机技术，设计一台数字显示的简易频率计。要求能够测量频率、周期和脉冲宽度。测量范围自定。

2. 设计参考

(1) 频率测量的基本思想。

脉冲信号的频率就是在单位时间内所产生的脉冲个数，其表达式为 $f = N/T$，其中 f 为被测信号的频率，N 为计数器所累计的脉冲个数，T 为产生 N 个脉冲所需的时间。计数器所记录的结果，就是被测信号的频率。

该系统对频率的测量是基于单片机的定时/计数器来实现的。选择计数器 T0 作定时器，T1 作计数器，用 T0 来定时 1 s 的时间，T1 记录通过的脉冲数，所得的数据即为待测信号的频率值。

(2) 周期测量的基本思想。

频率倒数法：脉冲信号的周期是频率的倒数，其表达式为 $T = 1/f$，其中 f 是被测信号的频率。所以只要把信号的频率测量值转换成它的倒数，所得结果就是待测信号的周期值，即周期测量的基本思想与频率的测量思想一样。

直接测量法：脉冲信号的周期是相邻的上升沿和下降沿（或下降沿和上升沿）之间的宽度。因此可以选取 T1 作计数器，工作于方式 2。当输入的脉冲信号为高电平时，T1 开始计数，当输入的脉冲信号第二次变成高电平时，停止计数，此计数值即为被测脉冲的宽度。

(3) 脉冲宽度测量的基本思想。

脉冲信号的脉冲宽度是脉冲信号相邻两个上升沿或下降沿之间的宽度。因此与直接测量周期法一样，选取 T1 作计数器，工作于方式 2。当输入的脉冲信号为高电平时，T1 开始计数，当输入的脉冲信号再次变成低电平时，停止计数，此计数值即为被测脉冲的宽度。如果被测信号脉冲是正负对称的波形，那么它的脉冲宽度就是它周期的一半。对于这些信号的脉宽测量就可以不用一个单独的模块来测量它的脉宽，可以直接通过周期的测量来获取，即脉宽=$T/2$。

6.10 IIC 存储卡应用系统

1. 设计的主要内容

应用 AT24C01A 卡设计一个 IC 卡应用系统。

例如：基于 IC 卡的门禁系统。

2．设计参考

IC 卡的相关资料参见 4.5 IIC 存储卡读/写实验

6.11　顺序控制器

1．设计的主要内容

在工业控制中,像冲压、注塑、轻纺、制瓶等生产过程,是一些继续生产过程,是某种顺序有规律地完成预定的动作,这类继续生产过程的控制称为顺序控制,像注塑机工艺过程大致按"合模→注射→延时→开模→产伸→产退"顺序动作。

应用单片机技术,设计一个通用的顺序控制器。

2．设计参考

(1) 每道工序执行元件的状态,可以按照变化的规律做成一个表,通过查表可知每道工序的操作。

(2) 设计一个定时器,用来控制每道工序的时间（转换时间）。

6.12　复　读　机

1．设计的主要内容

应用语音芯片 ISD1420,将录放音时间 20 s 分成 20 段,每段 1 s,调用录音子程序,录入语音,建立语音库。

语音录入结束后,根据段地址,调用放音子程序,还原录入语音信号。

2．设计参考

(1) 语音芯片 ISD1420。

① ISD1420 引脚及功能,如图 6-5 和表 6-7 所示。

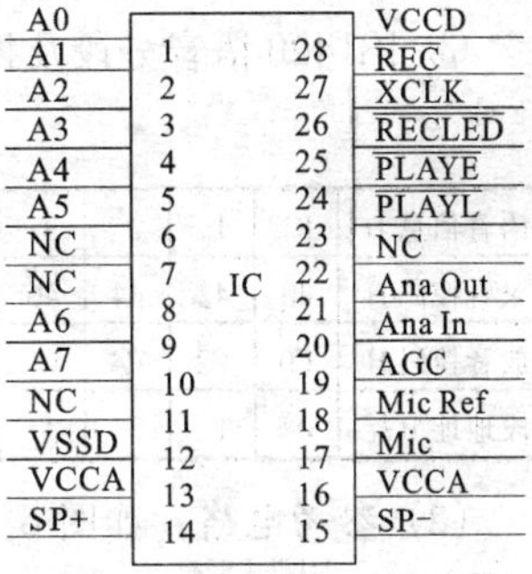

图 6-5　ISD1420 芯片外形

表 6-7　ISD1420 引脚功能

名　称	引　脚	功　能	名　称	引　脚	功　能
A0–A5	1~6	地址	Ana Out	21	模拟输出
A6、A7	9、10	地址（MSB）	Ana In	20	模拟输入
VCCD	28	数字电路电源	AGC	19	自动增益控制
VCCA	16	模拟电路电源	Mic	17	麦克风输入
VSSD	12	数字地	Mic Ref	18	麦克风参考输入
VSSA	13	模拟地	PLAYE	24	放音、边沿触发
SP+ SP-	14、15	喇叭输出+、-	REC	27	录音
XCLK	26	外接定时器（可选）	RECLED	25	发光二极管接口
NC	11、22	空脚	PLAYL	23	放音、电平触发

② ISD1420 地址功能表，如表 6-8 所示。

表 6-8　ISD1420 地址及功能

DIP 开关	地址状态								功能说明（ON=0，OFF=1）
	1	2	3	4	5	6	7	8	
地址位	A0	A1	A2	A3	A4	A5	A6	A7	（1 为高电平，0 为低电平，*为高或低电平）
地址模式	0	0	0	0	0	0	0	0	一段式最长 20 s 录放音，从首地址开始，以八位二进制表示地址，每个地址代表 12 ms。一段从 A6 地址开始的 12 s 录放音。只要 A6、A7 有一位是 0，就处于地址模式。
	1	0	0	0	0	0	0	0	
	0	0	0	0	0	0	1	0	
	*	*	*	*	*	*	*	0	
	*	*	*	*	*	*	0	*	

地址模式：

A0～A7 地址输入有双重功能，根据地址中的 A6，A7 的电平状态确定功能。如果 A6，A7 有一个是低电平，A0～A7 输入全解释为地址位，作为起始地址用。根据 PLAYL、PLAYE 或 REC 的下降沿信号，地址输入被锁定。

A0～A7 由低位向高位排列，每位地址代表 125 ms 的寻址，160 个地址覆盖 20 s 的语音范围（160×0.125 s=20 s）。

录音及放音功能均从设定的起始地址开始，录音结束由停止键操作决定，芯片内部自动在该段的结束位置插入结束标志（EOM）；而放音时芯片遇到 EOM 标志即自动停止放音。

③ IS1420 语音分段及控制代码，如表 6-9 所示。

表 6-9　IS1420 语言分段及控制代码

语音信息D	0	1	2	3	4	5	6	7	8	9	10	11	12	13	14	15	16	17	18	19
录音控码H	40	42	44	46	48	4A	4C	4E	50	52	54	56	58	5A	5C	5E	60	62	64	66
放音控码H	C0	C2	C4	C6	C8	CA	CC	CE	D0	D2	D4	D6	D8	DA	DC	DE	E0	E2	E4	E6
段地址 R7	0	1	2	3	4	5	6	7	8	9	A	B	C	D	E	F	10	11	12	13

（2）参考电路，如图 6-6 所示。

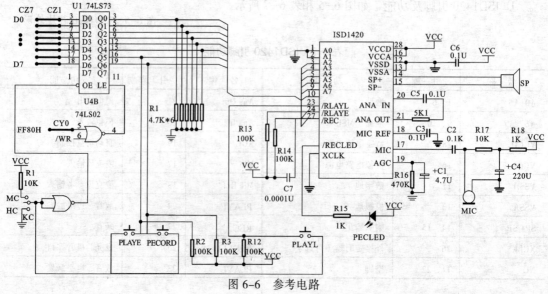

图 6-6　参考电路

附录A 常用接口芯片简介

1. 8255A 通用可编程接口

(1)8255A 的结构。8255A 是为 Intel 公司的微处理器配套的通用可编程并行 I/O 接口芯片。

① 8255A 的结构框图。8255A 的内部结构框图如图 A-1 所示。

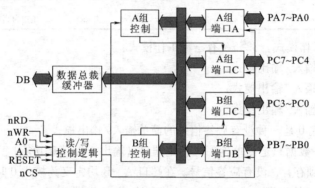

图 A-1　8255A 内部结构框图

② 在片资源。8255A 有 2 个 8 位并行端口、2 个 4 位并行端口，每个端口均能通过控制寄存器编程确定为全部输入、全部输出或其他指定功能。

③ 封装与引脚配置。芯片采用 40 线双列直插式封装，其引脚配置如图 A-2 所示。

引脚	引脚功能
D0~D7	双向数据总线
nCS	片选
nRD	读输入
nWR	写输入
A1、A0	端口选择
RST	复位输入
PA0~PA7	端口A　I/O线
PB0~PB7	端口B　I/O线
PC0~PC7	端口C　I/O线

	左		右	
PA3	1		40	PA4
PA2	2		39	PA5
PA1	3		38	PA6
PA0	4		37	PA7
nRD	5		36	nWR
nCS	6		35	RST
GND	7		34	D0
A1	8		33	D1
A0	9		32	D2
PC7	10		31	D3
PC6	11		30	D4
PC5	12		29	D5
PC4	13		28	D6
PC0	14		27	D7
PC1	15		26	V_{cc}
PC2	16		25	PB7
PC3	17		24	PB6
PB0	18		23	PB5
PB1	19		22	PB4
PB2	20		21	PB3

图 A-2　8255A 引脚配置

④ 端口地址。表 A-1 表明了各端口的寻址方法。

表 A-1　8255A 端口选择表

nCS	nRD	nWR	A1	A0	数据传送方向
0	1	0	0	0	DB→端口 A
0	1	0	0	1	DB→端口 B
0	1	0	1	0	DB→端口 C
0	1	0	1	1	DB→控制口
0	0	1	0	0	端口 A→DB
0	0	1	0	1	端口 B→DB
0	0	1	1	0	端口 C→DB
0	0	1	1	1	无效
0	1	1	×	×	DB 为高阻
1	×	×	×	×	DB 为高阻

(2) 8255A 的工作模式。8255A 有三种工作模式：

模式 0——基本输入/输出模式。

模式 1——选通输入/输出模式；

模式 2——双向输入/输出模式。

① 模式 0。模式 0 是一种没有应答信号的简单输入/输出模式。

在这种模式下，数据只是简单地写入指定端口（输出，带锁存功能），或从指定端口读出（输入，输入数据不锁存），没有应答信号。在端口 A、B 均定义为模式 0 时，端口 C 可定义为一个 8 位的基本输入/输出端口或二个 4 位的基本输入/输出端口。

② 模式 1。模式 1 是一种带有应答信号的选通输入/输出模式。

这种模式借助于应答信号把数据送到指定端口或从指定端口读出数据。输入/输出数据均锁存。端口 A、B 可独立编程为选通输入或选通输出。

端口 C 用于传送应答信号，有关应答信号的含义如下：

- STB——选通输入。它变低时把数据写入端口输入锁存器。
- IBF——输入缓冲器满。它变高表示数据已写入输入锁存器。STB 变低时置位，RD 的上升沿使其复位。
- OBF——输出缓冲器满。它变低表示 CPU 已把数据写入端口输出锁存器。WR 的上升沿使其变低，而 ACK 有效时使其变高。
- ACK——响应输入。这是一个外设来的应答信号，它变低表示 CPU 写入端口 A 或 B 的数据已被外设取走。
- INTR——中断请求。它在 STB、IBF（或 OBF、ACK）和 INTE 均为"1"时置位，RD（或 WR）的下降沿复位。这样，每当外设把数据写入端口输入锁存器（或从端口读取数据）就可向 CPU 请求中断服务。
- INTE——中断允许/禁止触发器。INTE 的状态可通过端口 C 的位置 1/置 0 功能而改变。INTE 置 1 时，允许端口中断；置 0 时，禁止端口中断。

③ 模式 2。模式 2 只适用于端口 A。端口 A 编程为模式 2 时，成为一个可双向传送数据

的端口，既发送又接收。仍由口 C 提供应答信号。

应答信号的含义与模式 1 相仿，不同的是：ACK 信号并非如模式 1 那样，为外设已取走端口数据的一个响应信号，而是外设用以启动端口输出三态缓冲器的一个信号。

这就是说，模式 1 的输出和模式 2 的输出略有差异，对于模式 1，CPU 一旦将数据写入端口输出锁存器，数据也就出现在端口 I/O 线上了；而对于模式 2，CPU 写入端口的数据并不出现在端口 I/O 线上，只有当外设发出取数据的命令（ACK 有效）时，数据才会出现在端口 I/O 线上，否则，端口 I/O 线是高阻状态。

（3）8255A 的控制字。8255A 复位时，所有端口（A、B、C）均被置为基本输入模式，如果和应用系统要求不符时就必须进行编程。所谓编程，就是向 8255A 控制寄存器写入一个控制字，以确定各端口的工作模式、I/O 方向等。

8255A 的控制字有两个：

① 方式选择控制字（其最高位为 1），如图 A-3 所示。

② C 口置位/复位控制字（其最高位为 0），如图 A-4 所示。

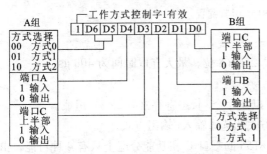

图 A-3　8255A 的方式选择控制字　　　图 A-4　8255A 的 C 口置位/复位控制字

2. 8155 可编程 I/O 芯片

（1）8155 的结构。Intel 8155 是为 Intel 公司的微处理器配套的通用可编程并行 I/O 接口芯片。

① 8155 的结构框图。内部结构框图如图 A-5 所示。

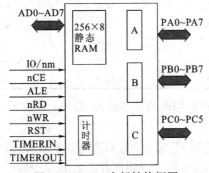

图 A-5　8155 内部结构框图

② 在片资源：

- 256×8 位静态 RAM。
- 两个 8 位、一个 6 位并行 I/O 端口。
- 一个 14 位定时计数器。

③ 封装与引脚配置。芯片采用 40 线双列直插式封装，其引脚配置如图 A-6 所示。

引脚	引脚功能
D0~D7	地址/数据复用总线
nCE	片选
nRD	读输入
nWR	写输入
IO/nM	IO口/RAM选择
RST	复位输入
ALE	地址锁存信号
PA0~PA7	端口A I/O线
PB0~PB7	端口B I/O线
PC0~PC7	端口C I/O线
TIMERIN	定时计算器的输入端
TIMER0UT	定时计算器的输出端

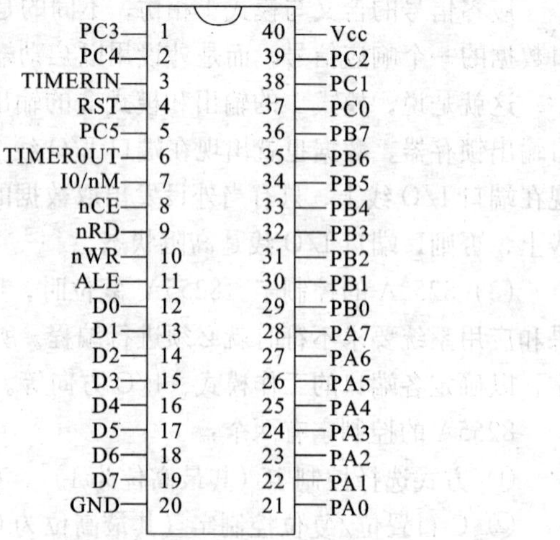

```
PC3     ─1      40─ Vcc
PC4     ─2      39─ PC2
TIMERIN ─3      38─ PC1
RST     ─4      37─ PC0
PC5     ─5      36─ PB7
TIMER0UT─6      35─ PB6
IO/nM   ─7      34─ PB5
nCE     ─8      33─ PB4
nRD     ─9      32─ PB3
nWR     ─10     31─ PB2
ALE     ─11     30─ PB1
D0      ─12     29─ PB0
D1      ─13     28─ PA7
D2      ─14     27─ PA6
D3      ─15     26─ PA5
D4      ─16     25─ PA4
D5      ─17     24─ PA3
D6      ─18     23─ PA2
D7      ─19     22─ PA1
GND     ─20     21─ PA0
```

图 A-6　8155 引脚配置

(2) 8155 片内各功能模块简介。

① 静态 RAM 部分。静态 RAM 的结构是 256×8 位，最大存取时间为 400 μs。在 IO/nM 线为 "0" 时，选中片内 RAM。

② I/O 部分。I/O 部分由端口 A、B、C 以及命令/状态寄存器（C/S）组成。

- 端口 A、B。可设定为基本输入/输出方式和选通输入/输出方式。
- 端口 C。要视端口 A、B 的情况而定。8155 的端口 C 在功能分配上只有 4 种可能，由命令字中的 PC2、PC1 来选择。如表 A-2 所示。

表 A-2　8155 方式选择

PC2PC1	00	01	10	11
方式	1	2	3	4
PC0	输入	输出	A INTR	A INTR
PC1	输入	输出	A BF	A BF
PC2	输入	输出	A nSTB	A nSTB
PC3	输入	输出	输出	B INTR
PC4	输入	输出	输出	B BF
PC5	输入	输出	输出	B nSTB

方式 1、方式 2 对应 A、B 口均选为基本输入/输出，不需要应答信号的情况，此时 C 口可作为一个 6 位的并行输入/输出口。

方式 3 对应 A 口选为选通输入/输出，B 口选为基本输入/输出的情况。C 口的 PC0~PC2 用于传送应答信号，余下的 PC3~PC5 以输出方式工作。

方式 4 对应 A、B 口均选为选通输入/输出的情况，C 口全部用于传送应答信号。

③ 定时计数器部分。这部分由一个 14 位的减法计数器和一个用于存放定时计数器工作方式以及计数长度的 16 位寄存器构成。

- 14 位减法计数器。14 位的减法计数器对其输入端 TIMERIN 的输入脉冲（时钟脉冲／反映外部事件发生次数的计数脉冲）进行减 1 计数，减 1 回零时在输出端上送出一个脉冲或方波，完成定时／计数要求。
- 方式及长度寄存器。启动定时器／计数器工作前，必须确定定时器／计数器的工作方式以及计数长度，即对方式及长度寄存器进行一次装入，每次装入一个字节。该寄存器格式，如图 A-7 所示。

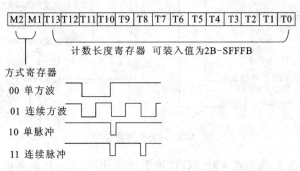

图 A-7　方式及长度寄存器

在计数长度值为奇数时，连续方波的前半周期（高电平）比后半周期（低电平）长一个计数脉冲周期。8155 的最高计数频率为 4 MHz。

- 启、停定时计数器。I/O 部分的命令寄存器第 6、7 位用来启、停定时计数器。有 4 种命令可供选择：

TM1 TM2	说明
00	不影响定时计数器
01	停止计数
10	减 1 回零后停止工作
11	启动：装入方式和长度后立即启动。

计数器正在计数时也可将新的长度值和方式装入方式、长度寄存器。但必须向定时/计数器发一条启动命令，新值才可能被启用，即使只希望改变长度值而仍使用先前的方式时也必须如此。

④ 8155 的编址。8155 在单片机应用系统中是按外部数据存储器统一编址的，为 16 位地址。其高 8 位由片选信号提供，低 8 位为片内地址。

在 IO/nM = 0 时，单片机对 8155 的 RAM 进行读写，RAM 的低 8 位地址为 00H～FFH。

在 IO/nM = 1 时，单片机对 8155 的 I/O 口及定时器部分进行读写，编址如表 A-3 所示。

表 A-3　8155 的编址

A7	A6	A5	A4	A3	A2	A1	A0	I/O
×	×	×	×	×	0	0	0	命令/状态寄存器
×	×	×	×	×	0	0	1	端口 A
×	×	×	×	×	0	1	0	端口 B
×	×	×	×	×	0	1	1	端口 C
×	×	×	×	×	1	0	0	方式长度寄存器　低 8 位
×	×	×	×	×	1	0	1	方式长度寄存器　高 8 位

(3) 8155 的命令状态字。

① 8155 的命令字。I/O 部分各端口的工作方式由命令寄存器的编程确定。命令寄存器是一个 8 位的寄存器，各位的含义如图 A-8 所示。

命令寄存器是只写寄存器。

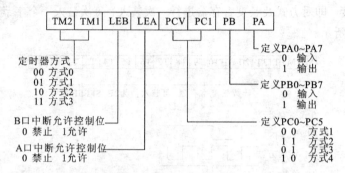

图 A-8　8155 的命令字

当 C 口设定为方式 3 或方式 4 时，C 口用于传送 BF、INTR 的各位，应作下列预置：

应答信号	输入	输出
BF	低电平	低电平
INTR	低电平	高电平

② 8155 的状态字。I/O 部分的状态寄存器用于反映端口工作状态。它是一个 8 位的只读寄存器，各位的含义如图 A-9 所示。

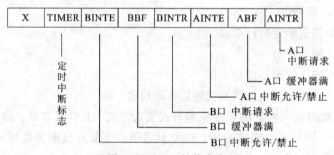

图 A-9　8155 的状态字

该状态寄存器可了解端口的工作状态，据此改变程序的流向。

3. 8279 键盘显示接口芯片

8279 是 Intel 公司生产的通用可编程键盘和显示器 I/O 接口器件。由于它本身可提供扫描信号，因而可代替微处理器完成键盘和显示器的控制，单个芯片就能完成键盘输入和 LED 显示控制两种功能。

8279 芯片的主要特征：

- 可兼容 MCS-85，MCS-48，MCS-51 等微处理器。
- 能同时执行键盘与显示器操作。
- 扫描式键盘工作方式。
- 有 8 个键盘 FIFO（先入先出）存储器。
- 带触点去抖动的二键锁定或 N 键巡回功能。

- 两个 8 位或 16 位的数字显示器。
- 可左/右输入的 16 字节显示用 RAM。
- 由键盘输入产生中断信号。
- 扫描式传感器工作方式。
- 用选通方式送入输入信号。
- 单个 16 字符显示器。
- 工作方式可由 CPU 编程。
- 可编程扫描定时。

(1) 8279 的结构。

① 8279 的结构框图。8279 的结构框图，如图 A–10 所示。

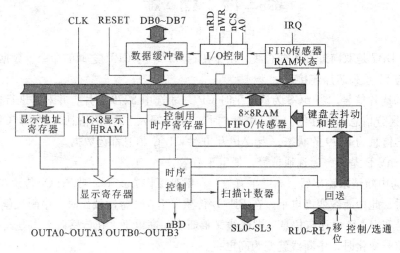

图 A–10　8279 的结构框图

② 在片资源。8279 主要由下列部件组成：

- I/O 控制和数据缓冲器。双向的三态数据缓冲器将内部总线和外部总线 DB0~DB7 相连，用于传送 CPU 和 8279 之间的命令、数据和状态。
- 控制逻辑。控制与定时寄存器用以寄存键盘及显示器的工作方式，锁存操作命令；通过译码产生相应的控制信号，使 8279 的各个部件完成一定的控制功能。

定时控制含有一些计数器，其中有一个可编程的 5 位计数器，对外部输入时钟信号进行分频，产生 100 kHz 的内部定时信号。外部时钟输入信号周期不小于 500 μs。

- 扫描计数器。扫描计数器有两种输出方式。一种为外部译码方式，计数器以二进制方式计数。4 位计数状态从扫描线 SL0~SL3 输出，经外部译码器译码出 16 位扫描线；另一种是扫描计数器的低二位译码后从 SL0~SL2 输出。
- 键输入控制。这个部件完成对键盘的自动扫描，锁存 RL0~RL7 的键输入信息，搜索闭合键，去除键的抖动，并将键输入数据写入内部先进先出（FIFO）的 RAM 存储器。
- FIFO/传感器 RAM 和显示 RAM。8279 具有 8 个先进先出的键输入缓冲器；并提供 16 个字节的显示数据缓冲器。CPU 将段数据写入显示缓冲器，8279 自动对显示器扫描，将其内部显示缓冲器中的数据在显示器上显示出来。

③ 封装与管脚配置。8279 具有 40 个引脚，采用双列直插式封装，引脚分布如图 A–11 所

示，其功能定义如下、

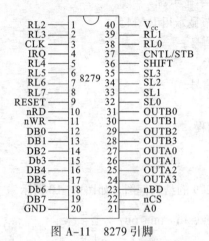

图 A-11 8279 引脚

- DB0~DB7 是双向外部数据总线，用于传送 8279 与 CPU 之间的命令、数据和状态。可直接与 51 系列芯片连接。
- nCS 为选片信号。当 nCS 为低电平时 CPU 才选中 8279 芯片，并对其进行操作。
- A0 为区分信息的特性位。当 A0 为 1 时，CPU 写入 8279 的信息为命令，CPU 从 8279 读出的信息为 8279 的状态。当 A0 为 0 时，I/O 信息都为数据。
- nRD，nWR 是读、写选通信号，低电平有效。
- IRQ 为中断请求输出线。高电平有效。在键盘工作方式下，当 FIFO/传感器 RAM 中有数据时，此中断线变高电平。在 FIFO/传感器 RAM 每次读出时，中断线就下降为低电平，若在 RAM 中还有信息，则此线又重新变为高电平。在传感器工作方式中，每当传感器信号变化时，中断线就变为高电平。
- RL0~RL7 为反馈输入线，作为键输入线，由内部上拉电阻上拉为高电平，也可由键盘上按键拉为低电平，
- SL0~SL3 为扫描输出线，用于对键盘显示器扫描。
- OUTB0~OUTB3，OUTA0~OUTB3 为显示段数据输出线，可分别作为两个半字节输出，也可作为 8 位段数据输出口，此时 OUTB0 为最低位，OUTA3 为最高位。
- nBD 为消隐输出线，低电平有效，当显示器切换时或使用显示消隐命令时，将显示消隐。
- RESET 为复位输入线，高电平有效。当 RESET 输入端出现高电平时，8279 被复位，复位后 8279 被置于下列方式：

  16 个 8 位字符显示为左端输入。

  编码的扫描键为两键连锁。

  程序时钟前置分频器被置为 31。
- SHIFT，CNTL/STB 为控制键输入线；由内部上拉电阻拉为高电平，也可由外部控制按键拉为低电平，SHIFT 为换挡，CNTL 为控制，STB 为选通。
- CLK 为外时钟输入端，CLK 信号由外部振荡器提供。

需说明的一点是：CLK 是系统来的外时钟，8279 靠设置定时器将外部时钟变为内部时钟。其内部基频= 外时钟/定时器值，内部时钟的高低控制着扫描时间和键盘去抖动时间的长短，若 8279 内部时钟为 100kHz。则扫描时间为 5.1 ms。去抖动时间为 10.3 ms。

（2）8279 的功能说明。8279 分两个功能部分，即键盘部分和显示器部分。

① 键盘部分。该部分提供的扫描方式，可以和组成 8×8 阵列的键盘或传感器相连，具有去抖动和 N 键封锁（或 N 键巡回）功能。

SL0~SL3 是 8279 提供的扫描信号线。

如果编程为译码方式（内部译码），可提供 4 选 1 扫描信号，此时可接 4×8=32 个键，如图 A-12 (a) 所示。

如果编程为编码方式（外部译码），则可通过 3-8 译码器产生 8 条行扫描线（此时 SL3 不可用），可接 8×8=64 个键，如图 A-12 (b) 所示。

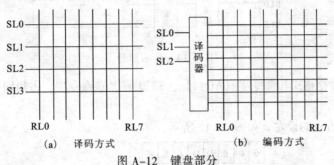

(a) 译码方式　　(b) 编码方式

图 A-12　键盘部分

RL0~RL7 是 8279 提供的 8 条键盘列输入线，由去抖动电路对这些线进行监测。若去抖动电路检测到键盘矩阵上有某一键按下时，就等待 10 ms，然后重新检测该键是否按下，若该键仍按下，就将该键的键值（该键在键盘矩阵中的行、列值，以及换挡 SHIFT、控制 CNTL 线上的状态）送入先入先出寄存器（FIFO 寄存器），并且使中断请求信号线 IRQ 有效（高电平有效），通知 CPU，FIFO 寄存器中已存有一项内容了。

存入 FIFO 寄存器的键值（编码）格式如图 A-13 所示。

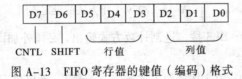

图 A-13　FIFO 寄存器的键值（编码）格式

FIFO 寄存器是一个 8×8 的 RAM，可存储 8 个字节数据，即 CPU 读 8279 键值以前，可以保存 8 次按键信息。存入 FIFO 寄存器的数据（键值）个数由 FIFO 状态字的字符个数计数部分（状态字的低 3 位）予以指示。FIFO 不空时，IRQ 为高电平；CPU 读 FIFO 寄存器时，IRQ 变低；如果 FIFO 中存储的数据未读完，则 IRQ 又重新为高电平。

换挡信号线上接一开关或具有位置锁定功能的按键，可以使键盘上的所有按键成为双功能键，因它可使一个按键产生两个不同的键值。

② 显示部分。该部分可完成 8 个或 16 个（编程决定）八段 LED 显示器的扫描控制。

OUTA0~OUTA3 以及 OUTB0~OUTB3 是 8279 的段码输出口（高电平有效），经驱动后接至八段 LED 显示器各段。SL0~SL3 经 4-16 译码器产生 16 个八段 LED 显示器的扫描控制信号，接 16 个 LED 的 COM 端。

OUTA0~OUTA3 以及 OUTB0~OUTB3 输出的段码（存储在 16×8 显示用 RAM 中，16 个显示用 RAM 单元的地址编号为 0000B~1111B）与 8279 的扫描输出 SL0~SL3 同步，即 SL0~

SL3 为 0000B 时，输出 0000B 单元中存储的段码，……，SL0～SL3 为 1111B 时，输出 1111B 单元中存储的段码。

16×8 显示用 RAM 中存储的段码可根据需要随时刷新，显示部分如图 A-14 所示。

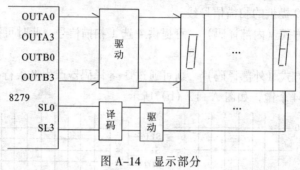

图 A-14　显示部分

（3）8279 的命令格式和命令字（A0=1）。8279 有 8 条命令字，占用同一个端口，由命令字的高 3 位来区分。

① 8279 工作方式的设定，如图 A-15 所示。

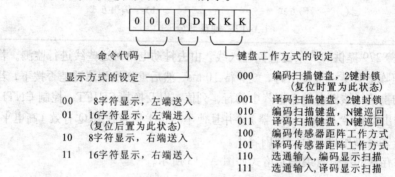

图 A-15　8279 工作方式的设定

- 编码工作方式：SL0～SL3 按二进制计数方式输出，必须外加译码器才能产生键盘、显示器用的扫描控制信号。
- 译码工作方式：SL0～SL3 按译码方式输出（4 选 1，低电平有效），无须外加译码器。注意，此时 SL0～SL3 只提供 4 选 1 扫描信号，即此时只能支持 4×8 键盘矩阵及 4 个八段 LED 显示器的扫描控制。显示内容与 16×8 RAM 中前 4 个单元存储的段码相对应。
- 2 键封锁：有 2 个或 2 个以上的按键同时按下时，只认可最后释放的那个按键。
- N 键巡回：一次可按下多个按键，8279 根据发现它们的先后顺序，将其对应的键值进入 FIFO 寄存器。

② 时钟编程命令，如图 A-16 所示。8279 的内部定时信号是由外部的输入时钟经过分频后产生的，分频系数由时钟编程命令确定。

图 A-16　时钟编程命令

8279 要求内部工作时钟为 100 kHz，此时键盘扫描时间为 5.1 ms，去抖时间为 10.3 ms。利用这条命令，可以将来自 CLK 引线的外部输入时钟分频，以取得 100 kHz 的内部定时脉冲信号。

③ 读 FIFO RAM 命令，如图 A-17 所示。

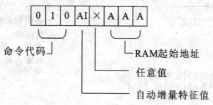

图 A-17 读 FIFO RAM 命令

在键扫描方式中，AI，AAA 均被忽略，CPU 读键输入数据时总是按先进先出的规律读出，直至输入键全部读出为止。

在传感器矩阵扫描方式中，若 AI=1 时；从起始地址开始依次读出，每次读出后地址自动加 1；AI=0 时仅读出一个单元内容。

④ 读显示缓冲器命令，如图 A-18 所示。在 CPU 读显示数据（检查）之前必须先输出读显示缓冲器 RAM 的命令。

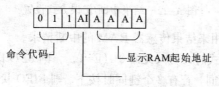

图 A-18 读显示缓冲器命令

若 AI=1，则每次读出后；地址自动加 1。

⑤ 写显示数据命令，如图 A-19 所示。在 CPU 将显示数据写入 8279 的显示缓冲器 RAM 之前必须先输出写显示数据缓冲器的命令。

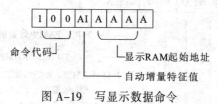

图 A-19 写显示数据命令

数据写入按左输入或右输入的方式操作。若 AI=1，每次写入后地址自动加 1。

⑥ 显示屏蔽/消隐命令，如图 A-20 所示。

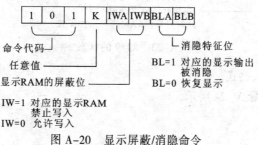

图 A-20 显示屏蔽/消隐命令

⑦ 消除命令，如图 A-21 所示。CPU 将清除命令写入 8279，使显示缓冲器恢复初态，同

时也能清除键输入标志和中断请求标志。清除命令的格式如下：

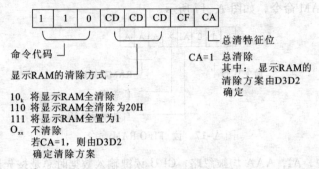

图 A-21　消除命令

⑧ 结束中断/错误方式设置，如图 A-22 所示。

图 A-22　结束中断/错误方式设置

在传感器工作方式时，用来结束传感器 RAM 的中断请求。

在键盘扫描 N 键巡回方式时，写入此命令（E=1），则 8279 以一种特定的错误方式工作。其特征是：在 8279 的去抖期间，若有多个键同时按下，则 FIFO 状态字中的错误特征位 S/E 将置为"1"，并产生中断请求信号，同时禁止写入 FIFO RAM。

（4）8279 的状态格式和状态字。8279 的状态字用于键输入和选通输入方式中，指出输入数据缓冲器 FIFO 中的字符个数和是否出错。状态字节的格式如图 A-23 所示。

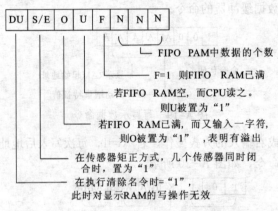

图 A-23　8279 的状态字

（5）8279 的数据输入格式。

① 键扫描方式，如图 A-24 所示。

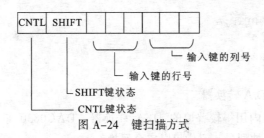

图 A-24 键扫描方式

② 传感器扫描方式或选通输入方式，如图 A-25 所示。

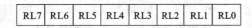

图 A-25 传感器扫描方式

(6) 8279 的编程操作。

① 初始化工作：

- 设定键盘和显示器的工作方式。
- 设定时钟分频率，以使 8279 的内部时钟频率为 100 kHz。
- 按照硬件电路选定的中断口，设置中断控制字。

```
MOV A, #00001000B       ;设定为：16 字符显示、左入、编码键盘、2 键封锁
MOV DPTR,#0FEFFH        ;假定 8279 命令状态字的选通地址为 0FEFFH
MOVX @DPTR,A
MOV A,#00101010B        ;设 CPU 时钟频率为 6 MHz，ALE 输出为 6 MHz/6=1 MHz，10 分
                        ;频，即可得 100kHz
MOVX @DPTR,A
SETB    IT1             ;INT1 设置为边沿触发方式
SETB    EX1             ;打开中断
SETB    EA
```

② 读 8279 的 FIFO RAM 程序（取键值）。

在键盘方式下，8279 的读出总是按先入先出的顺序，所以不需设置 FIFO RAM 首地址。

```
MOV DPTR,#0FCFFH        ;假定 8279 数据字的选通地址为 0FCFFH
MOVX A,@DPTR
```

③ 显示子程序。

设：显示缓冲区的首地址为 DISMEM，段选码（字库）的首地址为 SEGPT。

下列程序可将显示缓冲区中待显示的数据（16 位）转换为相应的段选码，再写入 8279 的显示 RAM。

```
DISUP:  MOV     A,#10010000B    ;写 RAM 命令，从 0000B 开始，自动加 1
        MOV     DPTR,#0FEFFH
        MOVX    @DPTR,A
        MOV     R0,#DISMEM      ;设置显示缓冲区指针
        MOV     R2,#10H         ;设置显示的位数
DISUP1: MOV     A,@R0           ;按待显示的数据从字库中取出段选码
        MOV     DPTR,#SEGPT
        MOVC    A,@A+DPTR
        MOV     DPTR,#0FCFFH    ;写入显示 RAM
```

```
MOVX    @DPTR,A
INC     R0
DJNZ    R2,DISUP1
RET
```

4．DAC0832 集成 D/A 转换器

DAC0832 是目前国内用得较普遍的 D/A 转换器，DAC0830 系列产品包括 DAC0830、DAC0831、DAC0832 三种型号，它们可以完全互换。

（1）DAC0832 主要特性。DAC0832 是采用 CMOS/Si－Cr 工艺制成的双列直插式单片 8 位 D/A 转换器，它可直接与 Z80、8085、8080 等 CPU 相连，也可同 8031 相连，以电流形式输出；当转换为电压输出时，可外接运算放大器。其主要特性有：

- 输出电流线性度可在满量程下调节。
- 转换时间为 1 μs。
- 数据输入可采用双缓冲、单缓冲或直通方式。
- 每次输入数字为 8 位二进制数
- 功耗 29 mW。
- 逻辑电平输入与 TTL 兼容。
- 供电电源为单一电源，可在 5～15 V 内。

（2）DAC0832 内部结构及外部引脚。DAC0832 D/A 转换器，其内部结构如图 A-26 所示。它是由一个数据寄存器、DAC 寄存器和 D/A 转换器三部分组成。

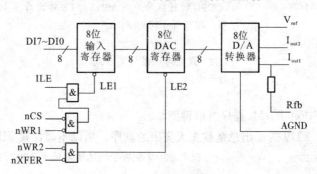

图 A-26　DAC0832 D/A 转换器

DAC0832 内部采用 $R-2R$ 梯形电阻网络。两个寄存器：输入数据寄存器和 DAC 寄存器用以实现两次缓冲，故在输出的同时，尚可集一个数字，这就提高了转换速度。当多芯片同时工作时；可用同步信号实现各模拟量同时输出。图 A-27 给出了 DAC0832 的外部引脚。

- nCS 为片选信号。低电平有效。与 ILE 相配合，可对写信号 nWR1 是否有效起到控制作用。
- ILE 为允许输入锁存信号。高电平有效。输入寄存器的锁存信号 LE1 由 ILE、nCS、nWR1 的逻辑组合产生。当 ILE 为高电平。nCS 为低电平，nWR1 输入负脉冲时，在 LE1 产生正脉冲。当 LE1 为高电平时输入线的状态变化，LE1 的负跳变将输入在数据线上的信息写入输入锁存器。

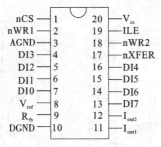

图 A-27 DAC0832 引脚

- nWR1 为写信号 1。低电平有效。当 nWR1，nCS，ILE 均有效时，可将数据写入 8 位输入寄存器。

- nWR2 为写信号 2。低电平有效。当 nWR2 有效时，在 nXFER 传送控制信号作用下，可将锁存在输入寄存器的 8 位数据送到 DAC 寄存器。

- nXFER 为数据传送信号。低电平有效。当 nWR2、nXFER 均有效时，则在 LE2 产生正脉冲；LE2 为高电平时，DAC 寄存器的输出和输入寄存器的状态一致，LE2 的负跳变，输入寄存器的内容写入 DAC 寄存器。

- Vref 为基准电源输入端。它与 DAC 内的 $R-2R$ 梯形网络相接，Vref 可在 $-10 \sim +10$ V 范围内调节。

- DI0 ~ DI7 为 8 位数字量输入端。DI7 为最高位，DI0 为最低位。

- I_{out1} 为 DAC 的电流输出 1。当 DAC 寄存器各位为 1 时；输出电流为最大；当 DAC 寄存器各位为 0 时，输出电流为 0。

- I_{out2} 为 DAC 的电流输出 2。它使 $I_{out1} + I_{out2}$ 恒为一常数。一般在单极性输出时 I_{out2} 接地，在双极性输出时接运放。

- R_{fb} 为反馈电阻。在 DAC0832 芯片内有一个反馈电阻，可用作外部运放的分路反馈电阻。

- V_{cc} 为电源输入线。

- DGND 为数字地。

- AGND 为模拟地。

5. ADC0809 集成 A/D 转换器

集成的 ADC0809 系列芯片主要有八通道的 ADC0809/ADC0808 和 16 通道的 ADC0816/ADC0817。

(1) ADC0809 电路原理框图。ADC0808 是逐次逼近比较型转换器，包括一个高阻抗斩波比较器。一个带有 256 个电阻分压器的树状开关网络；一个控制逻辑环节和八位逐次逼近数码寄存器；最后输出级有一个八位三态输出锁存器，其内部结构如图 A-28 所示。

八个输入模拟量受多路开关地址寄存器控制，当选中某路时，该路模拟信号 Vx 进入比较器与 D/A 输出的 Vr 比较，直至 Vr 与 Vx 相等或达允许误差止，然后将对应 Vx 的数码寄存器值送三态锁存器。当 OE 有效时，便可输出对应 Vx 的八位数码。

(2) ADC0809A/D 转换器的引脚功能说明。ADC0809 外部引脚如于图 A-29 所示。

- IN7 ~ IN0 八路模拟量输入端，在多路开关控制下，任一瞬间只能有一路模拟量经相应通道输入到 A/D 转换器中的比较放大器。

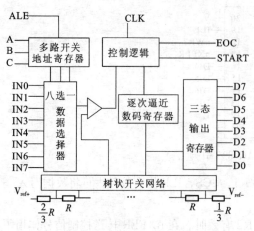

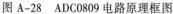

图 A-28 ADC0809 电路原理框图

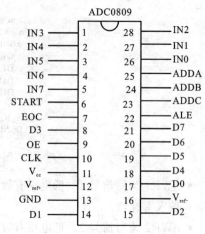

图 A-29 ADC0809 引脚

- D7~D0 为八位数据输出端，可直接接入微型机的数据总线。
- A、B、C 多路开关地址选择输入端。
- ALE 地址锁存输入线，该信号的上升沿；可将地址选择信号 A、B、C 锁入地址寄存器内。
- START 启动转换输入线，其上升沿用以清除 ADC 内部寄存器；其下降沿用以启动内部控制逻辑；使之 A/D 转换器工作。
- EOC 转换完毕输出线，其上跳沿表示 A/D 转换器内部已转换完毕。
- OE 允许输出控制端，高电平有效。有效时能打开三态门，将八位转换后的数据送到微型机的数据总线上。
- CLOCK 转换定时时钟脉冲输入端。它的频率决定了 A/D 转换器的转换速度。在此，其频率不能高于 640 kHz，其对应转换时间为 100 μs。
- V_{ref+} 和 V_{ref-} 是 D/A 转换器的参考电压输入线。它们可以不与本机电源和地相连，但 V_{ref-} 不得为负值，V_{ref+} 不得高于 V_{cc}，且 $\frac{1}{2}[V_{ref+} + V_{ref-}]$ 与 $\frac{1}{2}V_{cc}$ 之差不得大于 0.1 V。
- V_{cc} 为+5 V，GND 为地。

附录 B   51 单片机指令速查表

1. 数据传送类指令

指　　令	字节数	周期数	对标志位的影响			
			Cy	AC	OV	P
MOV　A,Rn	1	1	×	×	×	√
MOV　A,@Ri	1	1	×	×	×	√
MOV　A,direct	2	1	×	×	×	√
MOV　A,#Data	2	1	×	×	×	√
MOV　direct,#Data	3	2	×	×	×	×
MOV　direct,A	2	1	×	×	×	×
MOV　direct,Rn	2	2	×	×	×	×
MOV　direct,@Ri	2	2	×	×	×	×
MOV　direct,direct	3	2	×	×	×	×
MOV　Rn,A	1	1	×	×	×	×
MOV　Rn,direct	2	2	×	×	×	×
MOV　Rn,#Data	2	1	×	×	×	×
MOV　@Ri,A	1	1	×	×	×	×
MOV　@Ri,direct	2	2	×	×	×	×
MOV　@Ri,#Data	2	1	×	×	×	×
MOV　DPTR,#Data16	3	2	×	×	×	×
MOVX A,@Ri	1	2	×	×	×	√
MOVX @Ri,A	1	2	×	×	×	×
MOVX A,@DPTR	1	2	×	×	×	√
MOVX @DPTR,A	1	2	×	×	×	×
MOVC A,@A+DPTR	1	2	×	×	×	√
MOVC A,@A+PC	1	2	×	×	×	√
PUSH direct	2	2	×	×	×	×
POP　direct	2	2	×	×	×	×
XCH　A,Rn	1	1	×	×	×	√
XCH　A,direct	2	1	×	×	×	√
XCH　A,@Ri	1	1	×	×	×	√
XCHD A,@Ri	1	1	×	×	×	√
SWAP A	1	1	×	×	×	√

2．算术运算类指令

指　　令	字节数	周期数	对标志位的影响			
			Cy	AC	OV	P
INC　A	1	1	×	×	×	√
INC　Rn	1	1	×	×	×	×
INC　@Ri	1	1	×	×	×	×
INC　direct	2	1	×	×	×	×
INC　DPTR	1	2	×	×	×	×
DEC　A	1	1	×	×	×	√
DEC　Rn	1	1	×	×	×	×
DEC　@Ri	1	1	×	×	×	×
DEC　direct	2	1	×	×	×	×
ADD　A,Rn	1	1	√	√	√	√
ADD　A,@Ri	1	1	√	√	√	√
ADD　A,#Data	2	1	√	√	√	√
ADD　A,direct	2	1	√	√	√	√
ADDC A,Rn	1	1	√	√	√	√
ADDC A,@Ri	1	1	√	√	√	√
ADDC A,#Data	2	1	√	√	√	√
ADDC A,direct	2	1	√	√	√	√
SUBB A,Rn	1	1	√	√	√	√
SUBB A,@Ri	1	1	√	√	√	√
SUBB A,#Data	2	1	√	√	√	√
SUBB A,direct	2	1	√	√	√	√
DA　A	1	1	√	×	×	√
MUL AB	1	4	0	×	√	√
DIV AB	1	4	0	×	√	√

3．逻辑运算类指令

指　　令	字节数	周期数	对标志位的影响			
			Cy	AC	OV	P
CLR　A	1	1	×	×	×	0
CPL　A	1	1	×	×	×	√
RL　A	1	1	×	×	×	√
RR　A	1	1	×	×	×	√
RLC　A	1	1	√	×	×	√
RRC　A	1	1	√	×	×	√
ANL　A,Rn	1	1	×	×	×	√
ANL　A,@Ri	1	1	×	×	×	√

续表

指　　令	字节数	周期数	对标志位的影响			
			Cy	AC	OV	P
ANL　A,direct	2	1	×	×	×	√
ANL　A,#Data	2	1	×	×	×	√
ORL　A,Rn	1	1	×	×	×	√
ORL　A,@Ri	1	1	×	×	×	√
ORL　A,direct	2	1	×	×	×	√
ORL　A,#Data	2	1	×	×	×	√
XRL　A,Rn	1	1	×	×	×	√
XRL　A,@Ri	1	1	×	×	×	√
XRL　A,direct	2	1	×	×	×	√
XRL　A,#Data	2	1	×	×	×	√
ANL　direct,A	2	1	×	×	×	×
ANL　direct,#Data	3	2	×	×	×	×
ORL　direct,A	2	1	×	×	×	×
ORL　direct,#Data	3	2	×	×	×	×
XRL　dirrect,A	2	1	×	×	×	×
XRL　direct,#Data	3	2	×	×	×	×

4. 控制程序转移类指令

指　　令	字节数	周期数	对标志位的影响			
			Cy	AC	OV	P
LJMP　addr	3	2	×	×	×	×
AJMP　addr	2	2	×	×	×	×
SJMP　rel	2	2	×	×	×	×
JMP　@A+DPTR	1	2	×	×	×	×
LCALL　addr	3	2	×	×	×	×
ACALL　addr	2	2	×	×	×	×
RET	1	2	×	×	×	×
JZ　rel	2	2	×	×	×	×
JNZ　rel	2	2	×	×	×	×
CJNE　A,direct,rel	3	2	√	×	×	×
CJNE　A,#Data,rel	3	2	√	×	×	×
CJNE　Rn,#Data,rel	3	2	√	×	×	×
CJNE　@Ri,#Data,rel	3	2	√	×	×	×
DJNZ　Rn,rel	2	2	×	×	×	×
DJNZ　direct,rel	3	2	×	×	×	×

5. 位处理类指令

指　　令	字节数	周期数	对标志位的影响			
			Cy	AC	OV	P
MOV　C,bit	2	1	√	×	×	×
MOV　bit,C	2	2	×	×	×	×
CLR　C	1	1	0	×	×	×
CLR　bit	2	1	×	×	×	×
CPL　C	1	1	√	×	×	×
CPL　bit	2	1	×	×	×	×
SETB C	1	1	1	×	×	×
SETB bit	2	1	×	×	×	×
ANL　C,bit	2	2	√	×	×	×
ANL　C,/bit	2	2	√	×	×	×
ORL　C,bit	2	2	√	×	×	×
ORL　C,/bit	2	2	√	×	×	×
JC　rel	2	2	×	×	×	×
JNC　rel	2	2	×	×	×	×
JB　bit,rel	3	2	×	×	×	×
JNB　bit,rel	3	2	×	×	×	×
JBC　bit,rel	3	2	×	×	×	√

6. 空操作指令

指　　令	字节数	周期数	对标志位的影响			
			Cy	AC	OV	P
NOP	1	1	×	×	×	×

附录 C 51 单片机指令操作码速查表

H\L	0	1	2	3	4	5	6–7	8–F
0	NOP	AJMP addr8	LJMP addr16	RR A	INC A	INC direct	INC @Ri	INC Rn
1	JBC bit,rel	ACALL addr8	LCALL addr16	RRC A	DEC A	DEC direct	DEC @Ri	DEC Rn
2	JB bit,rel	AJMP addr8	RET	RL A	ADD A,#Data	ADD A, direct	ADD A, @Ri	ADD A, Rn
3	JNB bit,rel	ACALL addr8	RETI	RLC A	ADDC A,#Data	ADDC A, direct	ADDC A, @Ri	ADDC A, Rn
4	JC rel	AJMP addr8	ORL direct,A	ORL direct,#Data	ORL A,#Data	ORL A, direct	ORL A, @Ri	ORL A, Rn
5	JNC rel	ACALL addr8	ANL direct,A	ANL direct,#Data	ANL A,#Data	ANL A, direct	ANL A, @Ri	ANL A, Rn
6	JZ rel	AJMP addr8	XRL direct,A	XRL direct,#Data	XRL A,#Data	XRL A, direct	XRL A, @Ri	XRL A, Rn
7	JNZ rel	ACALL addr8	ORL C,bit	JMP @A+DPTR	MOV A,#Data	MOV direct, #Data	MOV @Ri, #Data	MOV Rn, #Data
8	SJMP rel	AJMP addr8	ANL C,bit	MOVC A, @A+PC	DIV AB	MOV direct, direct	MOV direct, @Ri	MOV direct, Rn
9	MOV DPTR,#Data16	ACALL addr8	MOV bit,C	MOVC A, @A+DPTR	SUBB A,#Data	SUBB A, direct	SUBB A, @Ri	SUBB A, Rn
A	ORL C,bit	AJMP addr8	MOV C,bit	INC DPTR	MUL AB		MOV @Ri,direct	MOV Rn,direct
B	ANL C,bit	ACALL addr8	CPL bit	CPL C	CJNE A, #Data,rel	CJNE A, direct,rel	CJNE @Ri, direct,rel	CJNE Rn, direct,rel
C	PUSH direct	AJMP addr8	CLR bit	CLR C	SWAP A	XCH A, direct	XCH A, @Ri	XCH A, Rn
D	POP direct	ACALL addr8	SETB bit	SETB C	DA A	DJNZ direct,rel	XCHD A, @Ri	DJNZ Rn, rel
E	MOVX A,@DPTR	AJMP addr8	MOVX A,@R0	MOVX A,@R1	CLR A	MOV A, direct	MOV A, @Ri	MOV A, Rn
F	MOVX @DPTR,A	ACALL addr8	MOVX @R0,A	MOVX @R1,A	CPL A	MOV direct,A	MOV @Ri,A	MOV Rn ,A

附录 D 电路图形符号说明

序号	名称	国家标准的画法	国外流行的画法	传统的习惯画法
1	与门	&		
2	或门	≥1		+
3	非门	1 / 1		
4	与非门	&		
5	或非门	≥1		+
6	异或门	=1		⊕
7	OC与非门	& ◇	◇	
8	缓冲器	▷		

续表

序号	名称	国家标准的画法	国外流行的画法	传统的习惯画法
9	三态输出的控制门			
10	二极管			
11	发光二极管			
12	稳压二极管			
13	按钮开关			
14	转换开关			
15	导线接头端子			
16	导线连接			
17	多极插头插座			
18	八段数码管			
19	MPN 型三级管			
20	接地			

附录 E 实验三部曲

认真做好实验是掌握、应用知识，提高动手能力的一个重要环节。一个完整的实验过程，包括实验前的准备、实验操作过程和实验后的总结三部分。

1. 实验前的准备

做好实验前的准备是做好实验的重要保障，实验前的准备一般包括三部分内容：

（1）认真阅读实验指导书，详细了解本课程实验的软硬件环境。

硬件环境：实验仪的基本组成和使用方法。

软件环境：调试软件的基本功能和使用方法。

这项工作应该在学期开始，领到实验指导书时就进行。

（2）详细了解本次实验的基本任务，充分理解实验原理。

为了完成本次实验的基本任务，应先理解硬件电路由哪几个部分组成，各部分电路的主要作用是什么，各部分电路之间如何连接，在此基础上读懂实验电路图。

为了完成本次实验的基本任务，还应理解软件部分需要完成哪些工作，确定软件由哪些功能模块组成，然后画出程序流程图，再按流程图编写源程序。

在软硬件设计过程中，可能需要进行相应的参数计算。

（3）设计实验的操作流程。

事先设计好实验的操作流程，进入实验室后，可以有条不紊地工作。

2. 实验操作过程

进入实验室以后，要按照事先设计好的实验操作流程来进行实验。实验的基本步骤如下：

（1）编制实验程序。按照实验的内容要求编写实验程序。

（2）启动 Keil μVision4 集成开发环境。启动后的界面（见图 1-1）。

（3）创建一个工程项目。

① 选择 Project→New μVision Project 命令进入 Create New Project 对话框，输入工程名称，本实验工程名设为 T2_1。然后单击保存按钮，即可创建一个新的项目（见图 1-2）。

② 选择 CPU，在这里可以选择 Atmel 公司的 AT89S51（见图 1-3）。单击 OK 按钮后，会出现一个提示消息框（见图 1-4），单击否按钮，不复制 8051 的启动代码到工程中。

（4）新建一个源程序

新建一个源程序，在源程序编辑窗口（见图 1-6）下按照编程语言的语法要求编写源程序。

源程序编写完后，可单击■按钮或选择 File→save 命令保存正在编写的源程序文件。也可选择 File→save as …命令将当前正在编写的源程序文件重命名保存。这里应注意在保存时，汇编语言源程序的扩展名为 ".asm"。

（5）管理工程。打开工程管理对话框（见图 1-9），在工程管理对话框中，将工程目标修改为 T2_1，文件组修改为 Source Code。将刚才编写的源程序文件添加进 Source Code 文件组。

（6）配置工程项目。要使前面创建的工程项目能够正确地被编译，还需要对工程的编译选项进行适当配置。在 Keil μVision4 中，单击 按钮可打开工程配置对话框。

这里主要进行以下操作：

① 在 Target 选项卡中，设置系统时钟的频率；选择是否使用片内 ROM；选择使用片外 ROM 和片外 RAM 的地址空间。

② 在 Output 选项卡中，选择编译生成可执行文件，设置输出文件名和存放的路径。

③ 在 Debug 选项卡中，设定采用的仿真调试方式。

Use Simulator：选择软件仿真。

Use：选择硬件仿真。

（7）编译。选择 Project→Build Target 命令或单击 按钮可对选中的工程目标进行编译，选择 Project→Rebuild all Target files 命令或单击 按钮可对所有的工程目标进行编译。

编译完成后，在 Build output 窗口报告出错和警告情况。当显示 0 Error，0 Warning 时，表明没有错误了。

（8）硬件连接。采用硬件仿真调试时，需要按实验电路进行连接。

（9）仿真调试。

① 进入仿真环境。在 Keil μVision4 中，通过选择 Debug→Star/Stop Debug Session 命令或单击 按钮或直接按【Ctrl+F5】组合键可以启动仿真界面，调试器会载入应用程序并执行启动代码。

② 在仿真界面中进行调试操作。

注意：仿真的目的是调试程序的功能，所有的操作都应该围绕着程序的功能来进行。

进入仿真界面后，可以根据程序的功能选择进行单步运行、全速运行、设断点运行等操作。可以通过查看存储器、寄存器及变量的数值来判别程序的功能是否正确。

（10）观察实验结果。可以通过全速运行程序，观察程序运行的最终结果，确定程序的功能是否完整。

3. 实验后的总结

实验报告是实验过程的总结，一个完好的实验报告应该包括以下内容：

（1）实验名称。这里需要准确无误地写出实验的名称，培养严谨的工作习惯。

（2）实验目的。通过这次实验，应该达到的目的。

（3）实验任务（实验内容）。充分了解实验的任务（实验内容）。明确任务，才能完成任务。

（4）实验原理。充分理解实验的工作原理，包括硬件的组成和软件的设计。

① 硬件组成。要说明清楚实验电路由哪几个部分组成，各部分电路的主要作用是什么，然后给出实验电路图。

② 软件设计。要清楚说明软件需要完成哪些工作，确定软件由哪些功能模块组成，然后画出程序流程图，再按流程图编写源程序。

（5）实验操作。这里，要如实记录实验的操作过程或者是事先设计好的实验操作流程。

（6）实验记录。这里，要如实记录相关的实验数据以及实验过程中出现的问题和解决方法。

① 实验的相关数据。包括原始数据、中间过程数据和最终结果数据。

② 实验过程中的问题（包括分析与解决）。在实验过程中，不可避免地会出现各种各样的问题，学会分析问题、解决问题，是实验的最终目的。

（7）实验结果。根据前面记录的实验数据，给出实验的结果。一般情况下，有两种实验的结果：其一，实验过程中出现了一些问题，经过分析，解决了问题，最终成功实现了实验任务的要求；其二，实验过程中出现了一些问题，最终未能解决问题，实验失败。

（8）实验小结（包括体会）。可以从实验的目标、实验环境的掌握、分析问题和解决问题的能力等几个方面来进行小结。也可以记录自己实验的体会。

（9）思考题的解答。如果有思考题，需要认真解答。

参 考 网 站

[1] 百度百科. 8255 芯片[G/OL]. 2011. http://baike.baidu.com/view/1684872.htm.
[2] 百度百科. 8155[G/OL]. 2011. http://baike.baidu.com/view/3480130.html.
[3] 百度百科. 8279 芯片[G/OL]. 2011. http://baike.baidu.com/view/3024183.htm.
[4] 百度百科. DAC0832[G/OL]. 2011. http://baike.baidu.com/view/2525920.htm.
[5] 百度百科. ADC0809[G/OL]. 2011. http://baike.baidu.com/view/1595179.htm.